COURS

D'ASTRONOMIE POPULAIRE

- PROFESSÉ -

PAR M. JOSEPH VINOT

DANS LE GRAND AMPHITHÉÂTRE DE L'ÉCOLE-DE-MÉDECINE

En vertu d'un arrêté
de M. le Ministre de l'Instruction publique
en date du 21 Septembre 1872

A PARIS

CHEZ LE PROFESSEUR

COUR DE ROHAN, RUE DU JARDINET

ET CHEZ LES PRINCIPAUX LIBRAIRES

1872

INSTRUISONS-NOUS, INSTRUISONS NOS ENFANTS

NOTICES SUR

1. Le Journal du Ciel.
2. La Société d'Astronomie.
3. La Bibliothèque roulante de la Société.
4. Le Système planétaire du Journal du Ciel.
5. Les Lunettes du Journal du Ciel.
6. Le Planisphère mobile du Journal du Ciel.

Le bureau du JOURNAL DU CIEL est à Paris, cour de Rohan, passage du Commerce, rue Saint-André-des-Arts.

On s'abonne en envoyant un bon de poste à M. J. VINOT, directeur du *Journal du Ciel*, cour de Rohan, à Paris.

1. LE JOURNAL DU CIEL

Le *Journal du Ciel* est une publication qui paraît toutes les semaines et qui donne à l'avance les observations que chacun peut faire, sans avoir appris l'astronomie, pendant une semaine.

Abonnement, 5 fr. par an, le port en sus pour l'étranger, ou 12 fr. 50 avec une longue-vue d'une valeur marchande de 20 francs.

Ce journal, arrivé à sa huitième année, a reçu les approbations de tous les amis de la science et des hommes les plus compétents.

Nous en citerons quelques-unes :

D'abord de M. Ch. DELAUNAY, l'éminent et regretté directeur de l'Observatoire de Paris.

OBSERVATOIRE DE PARIS, le 27 Octobre 1871.

A M. Vinot, éditeur du *Journal du Ciel*.

MONSIEUR,

Je vous remercie des numéros du *Journal du Ciel* que vous avez bien voulu m'envoyer. C'est une bonne œuvre que vous faites en publiant cette petite feuille ; il y a là un excellent moyen d'initiation à la science astronomique. Dans toutes les écoles, dans tous les établissements d'instruction, si un maître faisait vérifier aux élèves celles de vos indications qui arrivent à des heures commodes pour eux, les réflexions qu'amèneraient ces observations graveraient dans l'esprit des jeunes gens bien des idées utiles.

Veuillez agréer, Monsieur, l'expression de mes sentiments bien dévoués.

Ch. DELAUNAY.

Nous avouons naïvement que cette lettre, émanée du savant directeur de l'Observatoire de Paris, vaut pour nous toutes les récompenses honorifiques possibles ; nous lui en sommes profondément reconnaissant.

Nous espérons que nos associés, qui tous désirent le succès de notre petite publication, voudront bien montrer cette lettre aux chefs d'établissements d'instruction, collèges, lycées, institutions, qu'ils connaissent. Ils voudront bien aussi prier les maires des communes qu'ils habitent ou dans lesquelles ils ont des relations, de vouloir bien prélever sur les fonds communaux l'abonnement de leurs écoles. Aucun maire ne voudra priver ses instituteurs du moyen de donner aux élèves une instruction si utile.

De M. A. CORNU, professeur de physique à l'École polytechnique.

Mille félicitations, Monsieur, pour votre petite publication, où tout le monde, savants et ignorants, peut apprendre quelque chose d'utile.

Ajoutons à ces lettres la mention :

1° D'une médaille de bronze à l'exposition universelle de 1867 à Paris ;
2° D'une médaille de bronze à l'exposition maritime du Havre en 1868
3° D'une médaille d'argent de la Société des arts, sciences et belles-lettres de Paris ;
4° D'une médaille d'argent du concours régional de Narbonne.

Nous pensons qu'appuyé sur tous ces témoignages honorables, le *Journal du Ciel* présente les plus sérieuses garanties.

Le *Journal du Ciel* commence par donner, pour Paris, les heures de lever et de coucher des astres ; puis, sous le titre « *Observations importantes* », il annonce les observations que chacun peut faire en regardant le ciel aux heures indiquées, sans instruments presque toujours. Viennent ensuite des détails sur la marche de la lune et des planètes, que l'on peut suivre sur une carte du ciel, avant d'observer directement. On y trouve encore les indications des grandes marées et des éclipses des satellites de Jupiter visibles à Paris. Le journal continue en donnant la marche des planètes sur le système planétaire (voir l'explication de cet instrument), puis, sous le titre « *Communications* », les noms des sociétaires qui ont fait parvenir leur abonnement, avec leur numéro d'inscription à gauche et le numéro de la fin de leur abonnement à droite ; des réponses aux demandes faites par les associés, des articles d'actualité et les nouveaux ouvrages qui entrent dans la bibliothèque roulante.

2. SOCIÉTÉ D'ASTRONOMIE

Les abonnés du *Journal du Ciel* sont, par le fait même de leur abonnement, membres de la *Société d'Astronomie*. Nous avons pensé à les grouper sous ce titre pour leur donner plus de cohéhésion entre eux, pour les engager davantage à communiquer au Journal, c'est-à-dire à se communiquer les uns aux autres, les observations et remarques qu'ils peuvent faire. Nous avons voulu aussi donner plus de poids à certaines innovations que nous avons faites ou que nous comptons exécuter si elles sont appuyées par nos sociétaires.

Du reste, craignant de voir le journal ne pas se relever du coup qui a frappé notre pays en 1871, nous avons décidé d'en faire, non plus notre œuvre personnelle, mais l'œuvre de cette Société d'astronomie. Nous avons calculé et nous avons trouvé que pour le nombre actuel de sociétaires, qui est de 812 environ, et jusqu'à ce que le nombre de 1000 sociétaires soit atteint, il nous faudrait recevoir 12 abonnements pour un numéro de 4 pages; 8 de plus, ou 20, pour un pour un numéro de 8 pages; 12 de plus, ou 32, pour un numéro de 16 pages. Nous publions les noms des abonnés nouveaux ou de ceux qui renouvellent leur abonnement, en disant à quoi nous employons ces abonnements. En sorte que cette Société d'astronomie dont on pourrait rire, en voyant qu'elle ne contient que des sociétaires, est en réalité une création très-sérieuse et très-féconde en résultats, si les associés comprennent bien que, chaque fois que leur nombre augmentera de 500, chaque numéro du journal coûtera seulement cinq abonnements ou réabonnements de plus et que le reste de l'argent sera consacré à créer une publication d'une richesse exceptionnelle à leur profit, illustrée de cartes du ciel et de travaux de toute sorte.

3. BIBLIOTHÈQUE ROULANTE DE LA SOCIÉTÉ D'ASTRONOMIE

La première des idées que nous avons mises sous le patronage de la Société est celle d'une Bibliothèque roulante. Cette Bibliothèque se compose actuellement d'un bon nombre d'ouvrages traitant tous d'astronomie ou de sciences qui s'y rattachent. Lorsqu'un de nos abonnés trouve parmi eux un ouvrage à sa convenance, il lui suffit de nous en envoyer le prix d'affranchissement, que nous annonçons en même temps que l'ouvrage. Si nous avons le volume à notre disposition, nous l'envoyons immédiatement; s'il est déjà en lecture, nous écrivons à celui de nos associés qui l'a ou qui doit le recevoir, de l'adresser, après l'avoir lu, à la personne qui l'a demandé après lui. En sorte que nos sociétaires doivent garder auprès d'eux les volumes jusqu'à ce qu'on les demande. Lorsque certains ouvrages ne seront plus demandés, et nous concevons qu'on hésite à dépenser ainsi deux fois le prix d'affranchissement, qui équivaut souvent au tiers du prix de l'ouvrage, nous les ferons rentrer et nous en composerons une caisse qui ira trouver, par le chemin de fer, ceux qui la demanderont. Pour la recevoir, on enverra un franc en demandant la caisse et on payera le port de cette caisse à son arrivée. On la gardera jusqu'à ce que nous envoyions une adresse pour la coller sur la caisse et la remettre, sans affranchir, au chemin de fer pour une autre destination. Nous aurons soin de la laisser pendant six mois à la même personne. Si plusieurs sociétaires habitent la même localité, en se partageant les frais, ils auront, pour peu de chose, les ouvrages à leur disposition.

Déjà une caisse analogue voyage dans la Bibliothèque roulante de la Société, mais au lieu de livres, elle contient une lunette assez puissante pour permettre de voir les satellites de Jupiter, les taches de la Lune et celles du Soleil, au moyen d'une bonnette à verre noir qui y est jointe. On paye 2 francs en la demandant, et le port de la caisse à son arrivée; on la garde au moins un mois.

De nombreuses demandes, pour les livres et la lunette, ont témoigné de l'intérêt que prennent les membres de la Société d'astronomie pour ces idées dont nous sommes redevables à quelques-uns d'entre eux. D'autres, comprenant d'une manière exceptionnelle l'utilité de cette Bibliothèque, nous ont même envoyé des ouvrages qui ont été inscrits.

4. SYSTÈME PLANÉTAIRE DU JOURNAL DU CIEL

Nous avons imaginé un tableau sur lequel, avec les indications du Journal, on peut suivre, d'une manière très-exacte, les mouvements de notre système planétaire autour du Soleil. Tout le monde a vu ces ingénieuses machines qui représentent le Soleil au milieu de son cortège de planètes, et qui coûtent plusieurs centaines de francs lorsqu'elles sont munies d'une manivelle qui donne aux planètes des mouvements à peu près en rapport avec la réalité. Si l'on met ces planètes dans leurs positions véritables à un moment donné, qu'on fasse deux ou trois tours de manivelle pour figurer leurs positions dans deux ou trois mois, il n'y a plus rien de juste, parce qu'il est impossible à un mécanisme, si bien combiné qu'il soit, de réaliser pour un certain temps les proportions qui existent dans les mouvements célestes.

Notre machine est une feuille de papier que l'on colle soi-même sur une planchette de bois sans nœuds; elle est divisée en degrés, on pique soi-même une épingle au degré que le journal indique chaque jour, pour chaque planète et pour la Lune, et la machine, par ce moyen, est toujours juste. Les centaines de francs que coûtent les planétaires ordinaires sont ainsi remplacées par vingt-cinq centimes. Nous en avons fait coller avec un peu d'élégance sur du bois des îles, sans nœud; nous les livrons au prix de trois francs, avec les planètes mises en place pour le dimanche qui suit l'envoi. Voici l'explication de son usage: On commence par couper les trois cercles qui sont au bas de la feuille et qui représentent la Terre avec l'orbite de la Lune autour de la Terre, puis on les arrondit avec des ciseaux en ayant soin de ne pas endommager les chiffres qui sont autour. On en garde un et on met les deux autres de côté pour remplacer le premier lorsqu'il sera usé.

On colle ensuite le reste de la feuille sur une planchette de bois blanc, et on se procure des épingles. Les clous à papier dont se servent les dessinateurs et qu'ils appellent des punaises sont excellents pour cet usage. On regarde ensuite le *Journal du Ciel* et on plante une épingle sur chaque cercle qui figure l'orbite d'une planète et que le dessin indique par les mots : orbite de Vénus, orbite de Jupiter, etc., en mettant ces épingles au degré que donne le journal pour le jour choisi. La seule petite difficulté consiste dans la disposition à prendre pour placer la Terre et la Lune. Pour la Terre, on commence par piquer en son centre, avec une épingle, le petit cercle que l'on a découpé, et l'on va ensuite piquer l'épingle qui emporte la Terre avec elle au degré que dit le journal. Avant de placer la Lune, c'est-à-dire de fixer, sur l'orbite de la Lune qui entoure la Terre, l'épingle qui représentera notre satellite, il faudra avoir soin de faire tourner le petit cercle découpé de façon que le zéro de ses divisions soit dirigé du côté du Soleil. Cela fait, le tableau donne une idée exacte de la disposition de notre système solaire dans l'espace le jour en question, la même idée qu'en aurait un immense géant qui se tiendrait en dehors de l'orbite de Neptune pour le regarder et qui pourrait tenir le Soleil et les planètes dans ses deux mains. On se rappelle que les positions des planètes sur cet univers en miniature se trouvent, sans interruption, pendant les six dernières années, sur le journal; nous avons comblé les deux lacunes qui y étaient.

Les remarques les plus importantes à faire à propos de ce système sont les suivantes : Premièrement, si l'on tire une ligne de l'épingle qui représente la Terre à l'épingle qui représente une planète et que l'on prolonge cette ligne jusqu'au contour de la carte où sont écrits les signes du Zodiaque, cette ligne tombera dans le voisinage de l'un de ces signes, et ce sera dans cette constellation-là qu'il faudra chercher la planète en question dans le ciel. Deuxièmement, quand la ligne qui passe par l'épingle qui représente la Terre et par celle qui figure la Lune, passe, en la prolongeant de l'autre côté de la Lune, sur l'épingle qui représente une planète, c'est ce jour-là que dans le ciel, la lune passe près de la planète. Troisièmement, si l'on place la planchette devant soi de façon à avoir la Terre de son côté et le Soleil sur la même ligne, mais plus loin, c'est-à-dire que l'œil du spectateur, la Terre et le Soleil, qui est au centre du tableau, soient en ligne droite, ce qui sera à gauche de cette ligne se verra le soir dans le ciel; ce qui sera à droite de la même ligne se verra le matin, planètes, Lune et constellations; ce qui sera sur cette ligne, du côté du spectateur, entre le spectateur et la Terre, se verra en pleine nuit; ce qui sera sur cette ligne, au delà de la terre, ne se verra pas, perdu dans les rayons du soleil.

5. LUNETTES DU JOURNAL DU CIEL

Nous avons été assez heureux pour pouvoir mettre à la disposition de nos sociétaires :

1° Une lunette de 50 millimètres d'objectif, avec oculaire terrestre et bonnette de rechange à verre noir pour regarder le soleil. Cette lunette permet d'apercevoir les satellites de Jupiter, les taches de la Lune et du Soleil un peu fortes. Avec un pied à gouttière, bien emballée, et remise au chemin de fer, elle coûte 44 fr. 50 ; c'est cette lunette qui fait partie de notre bibliothèque roulante.

2° Une lunette de 75 millimètres d'objectif, avec oculaire terrestre permettant de distinguer un homme à 15 ou 20 kilomètres, toujours avec une bonnette de rechange pour regarder le Soleil. Cette lunette montre parfaitement les satellites de Jupiter, distingue l'anneau de Saturne, dédouble quelques étoiles, laisse voir les détails un peu considérables des taches de la Lune, toutes les taches du Soleil, les phases de Vénus, etc. Bien emballée et remise au chemin de fer, elle coûte 114 francs; un pied solide à six branches, avec gouttière coûte 27 francs. Avec une augmentation de 20 francs, on a en plus un oculaire céleste qui renverse les objets, mais conserve un peu plus de lumière, et pour 15 francs, une crémaillère bien utile pour mettre la lunette à la vue quand elle doit servir à plusieurs personnes.

6. PLANISPHÈRE MOBILE DU JOURNAL DU CIEL

Planisphère mobile du *Journal du Ciel*, donnant l'aspect du ciel de dix en dix minutes pour chaque jour de l'année, bien emballé et remis au chemin de fer, 6 fr. ; avec le système planétaire, collé sur bois des îles et les planètes mises en places pour le dimanche qui suit l'envoi, 8 fr.

Carte de la lune, avec brochure.	4 fr. »
Carte des étoiles visibles sur l'horizon de Paris.	1 fr. 50
Le ciel en deux hémisphères	2 fr. »
Carte à l'usage de la marine, deux hémisph., bande équator., bande zodiac. et brochure.	6 fr. »
Grande carte uranographique.	12 fr. »

Ces cartes sont envoyées franco par la poste, mais pliées; on doit les mouiller et les faire sécher en presse.

OUVRAGES DE M. VINOT

Récréations mathématiques	3 fr. »
Petite table de logarithmes	» fr. 30
Le petit Astronome (V. Vinot)	» fr. 30
Erreurs relatives d'arithmétique	» fr. 20
Solutions de problèmes	» fr. 20
L'Arithmétique de l'avenir (1re partie).	» fr. 50

PARIS. — J. CLAYE, IMPRIMEUR, 7, RUE SAINT-BENOIT. — [2229]

COURS D'ASTRONOMIE POPULAIRE

INTRODUCTION

1. — NOS APPUIS.

Avant de commencer nos leçons, il importe de remercier ici les personnes qui nous ont fourni les moyens de nous y réunir. Et d'abord M. le Ministre de l'Instruction publique [1], qui a bien voulu donner à son autorisation la forme officielle d'un arrêté, au lieu d'une autorisation officieuse, la seule que nous ayons osé lui demander. Il faut savoir gré à M. le Ministre de cette détermination, car ce fait de laisser parler dans une chaire de faculté un professeur libre, encore bien que le sujet que ce professeur doit traiter ne ressortisse pas à cette faculté, n'en est pas moins un pas vers l'établissement de facultés libres, doublant les facultés de l'Université, rivalisant avec elles d'ardeur et de science, et conduisant la nation à une instruction plus élevée et plus solide encore qu'aujourd'hui. Nous adresserons ensuite nos remercîments à M. le Doyen de la faculté de médecine [2], qui a mis la plus grande bienveillance à nous accorder cette salle. En nous voyant nous présenter à lui sous la recommandation du savant et regretté Delaunay, le directeur de l'Observatoire, il a compris immédiatement la relation intime qu'il y avait entre le cours que nous voulions faire et le but que se propose l'Association française pour l'avancement des sciences, dont il est un des ardents promoteurs. Enfin, nous n'oublierons pas dans nos félicitations M. le Secrétaire de la Faculté [3], qui a mis tout son bon

1. M. Jules Simon. — 2. M. Ad. Wurtz. — 3. M. Le Filleul.

vouloir, tous ses soins, à notre installation, et nous a assuré que sa bienveillance et ses bons services, dont nous aurons bien souvent besoin, ne nous feraient pas défaut tant que dureraient nos leçons.

2. — NOTRE BUT.

Nous vous devons maintenant quelques mots sur la manière dont nous comptons faire ce cours que nous venons de comparer audacieusement à un cours de faculté; patience, nous y arriverons. Nous l'avons intitulé *Cours d'astronomie populaire*, et par astronomie populaire nous entendons dire un peu plus ou plutôt un peu moins qu'astronomie élémentaire. Nous voulons ici exposer les notions d'astronomie de la manière la plus simple qu'il nous sera possible de le faire, nous voulons que ces leçons puissent être répétées dans la famille, que la mère ou le père, qui nous auront entendu, ne soient pas embarrassés pour recommencer la leçon à leurs enfants. Et vous verrez que les notions d'astronomie qui peuvent ainsi s'exposer dans une forme simple sont excessivement nombreuses et qu'il nous faudra plus d'une année pour les épuiser. Mais au bout de deux ou trois ans, il arrivera nécessairement, si le nombre de nos auditeurs reste ce qu'il est aujourd'hui, environ mille, il arrivera, dis-je, que quarante ou cinquante d'entre vous désireront aller plus loin et serrer de plus près les grands principes que nous n'aurons fait qu'effleurer et leurs applications. Alors, ou nous doublerons ce cours, ou bien nous trouverons un professeur pour les conduire où ils voudront aller, où la science actuelle pourra les faire arriver.

3. — REMARQUE IMPORTANTE.

Nous voulons aussi vous dire une précaution que nous prendrons avec grande attention, en raison de la nature élémentaire de ce cours et en raison aussi du genre d'auditeurs qui nous font l'honneur d'y venir. Les occupations, les maladies, l'inclémence du temps peuvent forcer beaucoup d'entre vous à manquer une leçon. Nous prendrons grand soin de faire en sorte qu'il n'y ait pas de relation indispensable entre une leçon et la leçon suivante, de façon que, si quelque chose de la leçon précédente était indispensable pour l'intelligence de la suivante, nous reprendrions l'explication. Ainsi vous pouvez dire autour de vous qu'il n'est pas nécessaire, pour tirer profit de ce cours, d'assister à toutes les leçons, et nous espérons que ceux qui ne viendraient même qu'à une seule leçon dans le courant de l'année n'auraient pas perdu leur temps.

4. — NOTRE MÉTHODE.

Quelques mots encore de la méthode que nous allons suivre : nous allons abandonner complétement les anciens usages d'enseignement, qui consistaient à expliquer tous les mouvemens apparents comme s'ils étaient réels, puis à détruire d'un coup ce qu'on avait enseigné pour dire que c'est le contraire qu'il faut croire, et nous allons nous placer de suite en pleine réalité. Une expérience de plusieurs années dans les cours de l'Association philotechnique nous a prouvé que c'était non-seulement possible, mais encore bien plus commode.

Enfin, nous entrons en matière, et, sans nous arrêter aux généralités sur l'astronomie, qui trouveront leur place dans l'intervalle des leçons ou à la fin, nous allons étudier tout ce qui concerne notre terre.

5. — LA TERRE EST ISOLÉE DANS L'ESPACE.

La première idée que l'on doit se faire de la terre est que c'est un morceau de matière isolée dans le ciel, qu'elle ne repose sur rien, qu'elle n'est suspendue à rien. Sans rien préjuger de sa forme, dont nous parlerons tout à l'heure, nous nous figurerons notre terre comme un bloc de matière; par exemple, comme cette figure 1 :

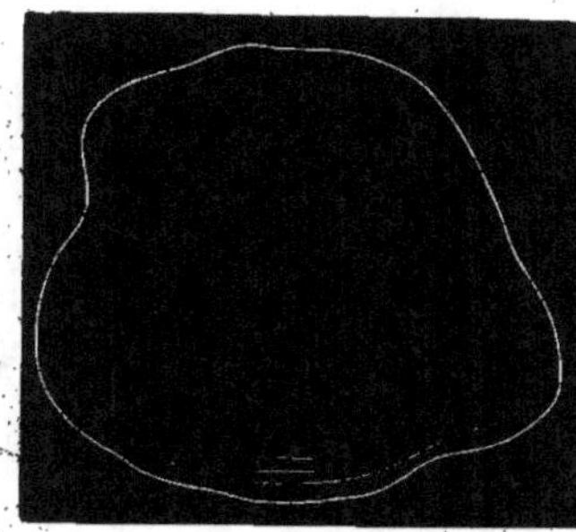

Figure 1.

6. — HISTORIQUE.

Nous ne pouvons pas dire à quelle époque les anciens ont eu, pour la première fois, une idée nette de cet isolement de la terre au milieu du ciel. Il est plus que probable que les Égyptiens, les

Chaldéens et leurs prédécesseurs ont eu cette idée bien précise, car on trouve dans Cicéron cette phrase : « Nicétas enseigne que les astres sont immobiles et que la terre seule tourne sur son axe. » Cicéron donne cette appréciation comme par curiosité, pour la tourner en ridicule peut-être. Quoi qu'il en soit, perdue, ou à peu près, pendant les temps de la Grèce, de Rome et du moyen âge, l'idée nette de l'isolement de la terre n'a conquis sa place définitive que depuis Copernic et Galilée.

7. — PREUVE PAR LE RAISONNEMENT.

Et cependant, même en supposant, comme les Grecs, qu'Atlas portait la terre sur ses épaules, il fallait bien se demander sur quoi Atlas posait ses pieds, puis sur quoi reposait ce qui soutenait Atlas, et arriver à la fin, c'est-à-dire à l'isolement. Si l'on voulait que la terre fût suspendue à un câble, on aurait à se demander à quoi est attaché ce câble et finir encore par l'isolement.

Or on a bien voyagé de tous côtés, sur la mer et sur la terre ferme, et si un support ou une suspension maintenait la terre, comme ils ne pourraient pas être microscopiques, il est bien certain qu'ils auraient été touchés ou vus.

8. — PREUVE PAR LES MOUVEMENTS APPARENTS
DES ASTRES.

Pour ceux même qui prendraient l'apparence du mouvement du ciel pour la réalité et qui voudraient que le soleil, la lune et les millions d'étoiles qui sont au ciel fissent le tour de cette terre, de leur lever à leur coucher et de leur coucher à leur lever, l'idée de l'isolement de la terre est encore nécessaire. En effet, il faut alors que ces millions d'astres passent du côté de la terre opposé à celui où nous nous trouvons, et par autant de chemins qu'il y a d'astres différents, c'est-à-dire qu'il faut que l'espace soit libre sur le côté de la terre opposé au nôtre, comme il est libre au-dessus de nos têtes.

9. — OBJECTION DES ANTIPODES.

C'est ici le moment de nous occuper de l'objection que ne manquent pas de faire les enfants et les personnes qui n'ont pas réfléchi. Mais, disent-ils, si la terre est ainsi isolée dans l'espace, vous voulez donc, pendant que nous avons la tête en haut, qu'il y

ait, de l'autre côté de la terre, des individus qui aient les pieds en
haut et la tête en bas? (Figure 2.)

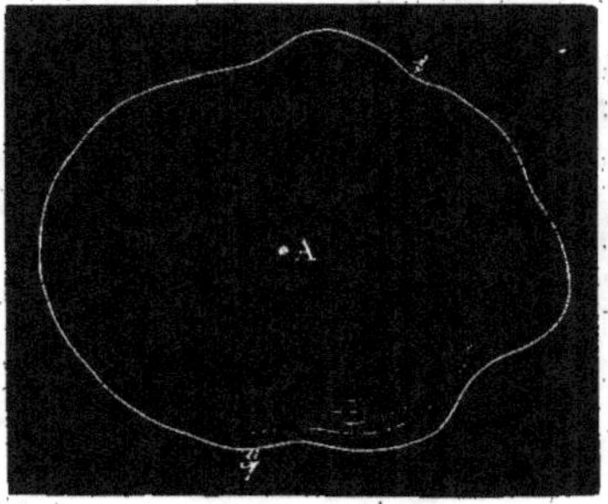

Figure 2.

10. — RÉPONSE A L'OBJECTION.

La meilleure manière de faire comprendre aux enfants que ce
qu'on appelle *le bas* est, pour tout le monde, le milieu de la terre,
où nous mettons la lettre A, consiste à leur dire que la terre attire
les objets qui sont à sa surface comme l'aimant attire le fer. Alors
on prend un aimant en fer à cheval, comme il y en a chez tous les
marchands de jouets d'enfants, avec deux pointes assez longues
pour aller de l'extrémité d'une branche de l'aimant à l'extrémité de
l'autre branche, et assez légères pour que l'aimant puisse les porter. On place ces deux pointes droites, l'une au-dessus, l'autre au-
dessous de l'aimant, et dans cette position les deux pointes représentent les habitants qui sont aux deux points opposés de la terre.

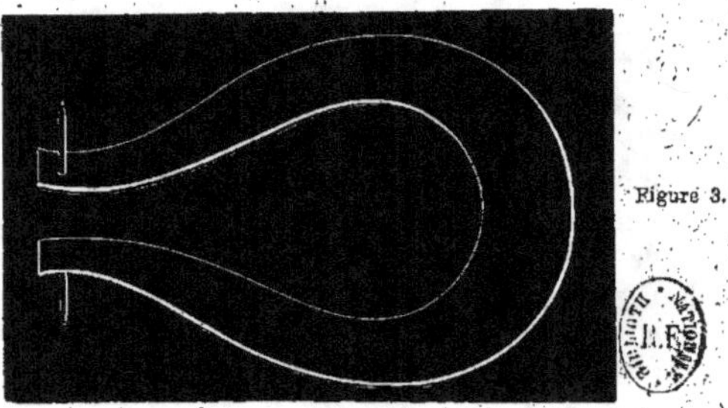

Figure 3.

Les enfants comprennent ensuite que c'est l'aimant qui est *le bas*
pour ces deux habitants. En effet, si on incline la pointe inférieure

du côté de l'autre extrémité de l'aimant, il vient un moment où elle est attirée assez pour venir frapper l'aimant en s'y appliquant, de même que la pointe supérieure, inclinée du côté de l'autre branche, y tombe aussi. Elles tombent sur l'aimant comme les hommes, placés à l'opposé l'un de l'autre, tombent sur la terre, s'ils inclinent trop de son côté. (Figure 3.)

En considérant du reste deux hommes placés comme la figure 2 les représente, à l'opposé l'un de l'autre, il est évident que tous deux, pour regarder à terre, dirigent leurs yeux du côté de leurs pieds, c'est-à-dire *en bas*; et que, pour regarder le ciel, ils lèvent, comme on dit, les yeux en l'air tous deux, c'est-à-dire *en haut*.

11. — ON PEUT PESER LA TERRE.

La terre, ainsi isolée, ne tenant à rien, formant un morceau de matière bien limité, peut donc être pesée, et il peut y avoir un moyen d'évaluer son poids en kilogrammes. Vous vous demandez avec curiosité dans quel endroit on pourra bien placer la balance, mais vous allez voir qu'on y arrive et que la balance existe. Elle est de l'invention d'un Anglais célèbre, nommé CAVENDISH.

12. — BALANCE DE CAVENDISH.

Dans une grande cage de verre d'abord, pour n'avoir pas à craindre les agitations de l'air, plus tard, dans une chambre en maçonnerie, éclairée à l'intérieur et percée de trous munis de lunettes pour regarder ce qui s'y passe, on a placé une énorme boule de plomb, pesant jusqu'à 1000 kilogrammes, et à côté de cette énorme boule, une plus petite, à une certaine distance de la grosse. On a d'abord constaté que la petite boule était attirée par la grosse, et qu'elle tombait sur cette grosse boule, absolument comme elle serait tombée sur la terre. On a alors retenu la petite boule avec une lame élastique de métal, et on a déterminé la force de la torsion qu'il fallait imprimer à cette lame pour maintenir la petite boule malgré l'attraction de la grosse. Cette force obtenue, rien n'était plus facile que d'évaluer celle qui maintient la petite boule sous l'influence de l'attraction de la terre, et, en tenant compte de la différence des distances, on arrive à comparer l'effet de l'attraction de la terre à l'effet d'attraction de la grosse boule, c'est-à-dire à trouver combien de fois le poids de la terre entière est supérieur à celui de la grosse boule de plomb.

13. — POIDS DE LA TERRE.

Si nous voulions donner ce poids en kilogrammes, nous écririons un nombre qui dépasserait tout ce que l'imagination peut concevoir. Si même nous voulions l'écrire en tonneaux de mer, c'est-à-dire en milliers de kilogrammes, nous ne serions guère plus avancés. Il nous faudrait en effet écrire :

4 706 milliards de milliards de tonneaux de mer.

Mais, comme nous verrons bientôt une manière de mesurer le volume de la terre, nous pouvons tirer de ce nombre énorme une idée accessible à tous les esprits, en disant ce que pèse un morceau déterminé de cette terre, un litre par exemple. Un litre de terre supposée homogène, bien composée de tous les matériaux, terre végétale, plomb, fer, pierre, mercure, eau, etc., dans les mêmes proportions dans lesquelles ces matériaux existent à la surface ou dans l'intérieur de la terre, ce litre pèserait environ 5 kilogrammes et 200 grammes, cinq fois et deux dixièmes autant qu'un litre d'eau pure.

14. — LA TERRE EST RONDE.

Passons à la deuxième idée que l'on doit se faire de la terre. Au lieu d'être un morceau de matière informe, elle a la forme géométrique d'une sphère ou d'une boule. Les raisons qui permettent de n'en pas douter sont assez nombreuses.

15. — PREUVE PAR LES ÉCLIPSES DE LUNE.

Nous citerons d'abord celle qui est tirée des éclipses de lune. La terre A, éclairée par le soleil B, projette derrière elle dans l'espace une ombre terminée en pointe, parce que la terre est plus petite que le soleil. (Figures 4 et 5.)

Si la terre et le soleil étaient de même grandeur, l'ombre de la terre, de même grosseur que les deux astres, se continuerait indéfiniment derrière notre terre; mais, le soleil étant plus gros, cette ombre se termine en pointe, ou forme ce qu'on appelle en géométrie un cône.

L'éclipse de lune a lieu lorsque la lune, toujours dans son plein à cet instant, vient se plonger en tout ou en partie dans cette

ombre de la terre. Or, aussitôt que la lune a atteint cette ombre, la
partie de la lune qui en est obscurcie se termine, sur le disque de
la lune, par un arc de cercle. (Figures 6 et 7.)

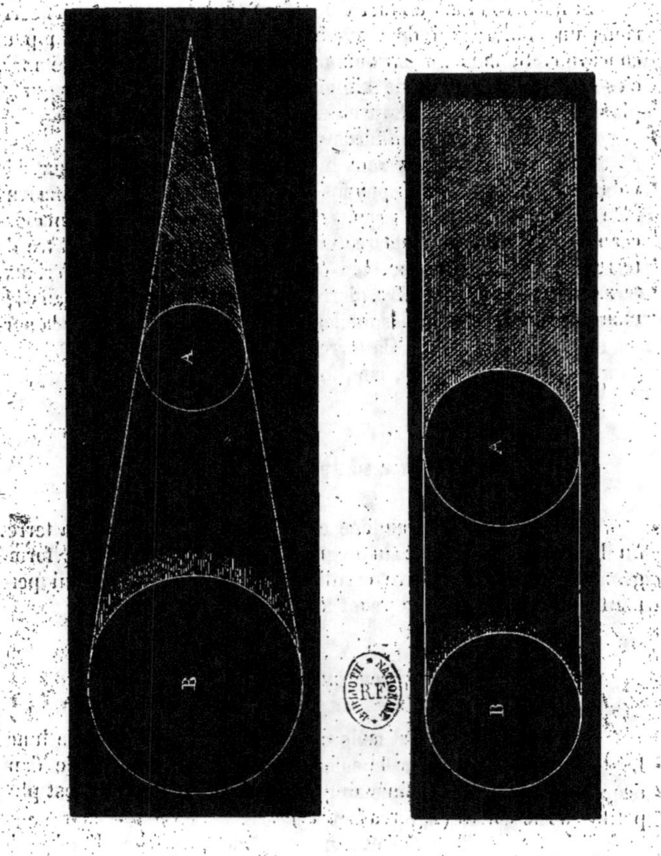

Figure 4.   Figure 5.

Il en est de même quand la lune entre davantage dans l'ombre,
et, si l'éclipse doit être totale, un moment avant que la lune ne
soit tout entière plongée dans l'ombre de la terre, le mince crois-

sant qui en reste est encore terminé du côté de l'ombre par un arc
de cercle. (Figures 8 et 9.)

Or il est bien clair que, si la terre avait une forme irrégulière,

Figure 6.

Figure 7.

les contours de l'ombre qu'elle projette derrière elle conserve-
raient quelque chose de cette forme irrégulière et découperaient

Figure 8.

Figure 9.

sur la lune, qui se plongerait en partie dans cette ombre, une
tache obscure irrégulièrement limitée. (Figures 10 et 11.)

Si le phénomène dont nous venons de retracer les circonstances ne se reproduisait pas de la même manière dans toutes les positions de la terre, on pourrait craindre que la terre ne fût ronde à la façon d'une pièce de monnaie, éclairée de face par le soleil et donnant une ombre dont le contour est circulaire. Mais il est certain que la terre se présente dans toutes les positions possibles lors des différentes éclipses de lune, dont il y a plusieurs tous les ans.

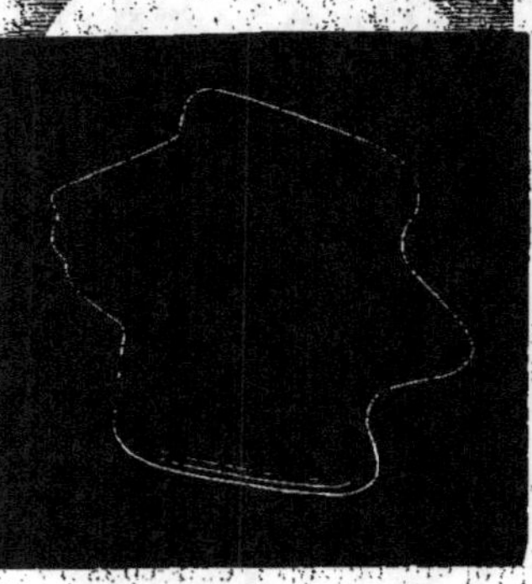

Figure 10.　　　　　　　　　Figure 11.

Nous verrons bientôt que dans la durée d'une même éclipse elle tourne sur elle-même, de façon à n'être pas éclairée de la même manière par le soleil. Si la terre avait la forme d'une pièce de monnaie, on conçoit bien que, quand elle serait éclairée de champ ou par la tranche, elle donnerait derrière elle, dans cette position, une ombre qui serait terminée en ligne droite.

16. — PREUVE PAR LA MANIÈRE DONT LE SOLEIL PARAIT LE MATIN.

Une deuxième observation qui fait voir que la terre est ronde consiste dans la manière dont on aperçoit le soleil le matin dans un pays de montagnes ou dans des pays différents.

Si la terre était plate dans une de ses parties, comme de A en B, le soleil, qui est bien plus grand qu'une montagne, n'aurait pas plus tôt paru sur l'horizon qu'il éclairerait la montagne C du sommet à la base, tandis qu'il n'en est pas ainsi : les premiers rayons du soleil commencent à dorer la cime de la montagne, et ce n'est qu'un quart d'heure, quelquefois plus de temps après, que le pied de la montagne en est éclairé. (Figures 12 et 13.)

Ce fait s'accorde très-bien avec la rondeur de la terre, dont la courbure arrête en D les rayons du soleil autres que ceux qui vont au sommet de la montagne, et cette courbure exige que la terre

Figure 12.   Figure 13.

ait tourné, dans le sens de la flèche, de C jusqu'à D, pour que la base de la montagne soit éclairée.

Dans des pays différents, le soleil éclaire Vienne en Autriche, V, une heure avant d'éclairer Paris, P, et il faut que la terre ait tourné, dans le sens de la flèche, de P à V, pour que Paris aperçoive le soleil à son tour. Un point situé dans l'Atlantique, au large des côtes de Bretagne, à la même distance de Paris que Paris est de Vienne, arrivera une heure après Paris aux premiers rayons du soleil, et ainsi de suite. Si la terre n'était pas ronde, les points qui arrivent ainsi aux premiers rayons du soleil à une heure d'intervalle les uns des autres ne seraient nécessairement pas à la même distance entre eux, et si la terre présentait une partie plate dans une certaine étendue, toute cette partie arriverait en même temps dans les rayons du soleil, ce qu'on n'observe nulle part. (Figure 14.)

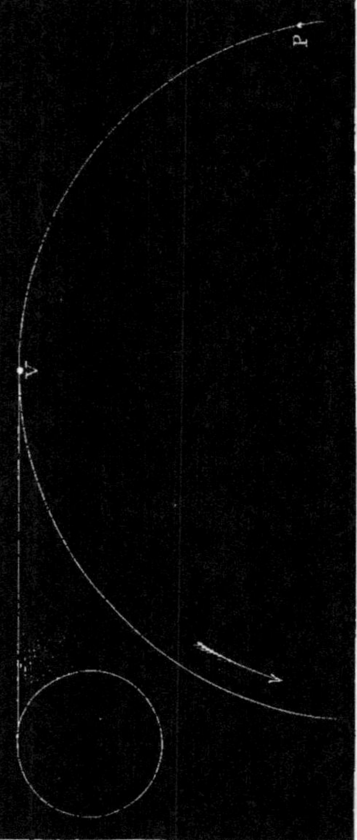

Figure 14.

17. — PREUVE PAR LES ASCENSIONS EN BALLON.

Vient ensuite, comme preuve de la rondeur de la terre, ce qui se remarque dans les ascensions en ballon. Quand l'homme est sur la terre, au milieu d'une grande plaine, son horizon se termine à 3 ou 4 kilomètres de lui, et la voûte du ciel repose sur cet horizon qui lui semble un cercle dont il occupe le centre. S'il s'élève sur une éminence, son horizon s'agrandit, mais ne lui en paraît pas moins un cercle. S'il monte en ballon et s'il atteint les hauteurs prodigieuses où la vie semble impossible, pendant la route, et arrivé au plus haut de sa course, chaque fois qu'il regardera sous ses pieds la terre qu'il vient de quitter, il aura la vue limitée par la terre suivant une circonférence. Pendant qu'il était à terre, sa vue ne pouvait pas s'étendre au-dessous de la ligne de niveau BC qui rasait la terre au point où il se trouvait. Lorsqu'il s'est élevé en A, sa vue, dirigée suivant la ligne AG lorsqu'il regarde la terre, descend au-dessous de la ligne de niveau DF d'une certaine quantité qu'on appelle la dépression de l'horizon. Or, de quelque côté que se tourne l'aéronaute, il trouve que la quantité dont s'abaisse sa vue au-dessous de l'horizontale DF en regardant la terre est toujours la même, ce qui ne peut arriver qu'à la condition d'avoir sous lui un objet rond pour arrêter sa vue. Ce phénomène a été observé partout où l'on est monté en ballon, en France, en Angleterre, en Amérique, etc., par conséquent la terre est ronde de tous les côtés. (Figure 15.)

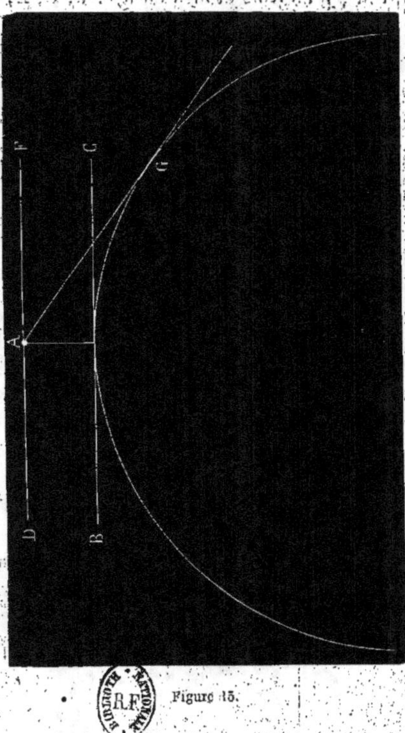

Figure 15.

18. — PREUVE PAR LA MANIÈRE DONT ON VOIT L'ÉTOILE POLAIRE EN SE DÉPLAÇANT SUR LA TERRE.

Une très-bonne preuve de la rondeur de la terre consiste aussi dans la manière dont on voit dans le ciel une certaine étoile, suivant la place qu'on occupe à la surface de la terre. L'étoile dont nous voulons parler est l'étoile du nord, l'étoile polaire, qui est sensiblement immobile et sert de guide aux voyageurs et aux marins. Voici comment on la trouve dans le ciel quand on n'a pas l'habitude assez grande pour la découvrir immédiatement. Il y a dans le ciel, et toujours sur notre horizon de Paris, une belle constellation dont les sept étoiles principales présentent la figure suivante : Quatre de ces étoiles, A,B,C,D, forment un quadrilatère irrégulier. La troisième, C, est plus petite que les trois premières A, B, D, puis trois étoiles en arc, F, G, H, viennent à la suite de la

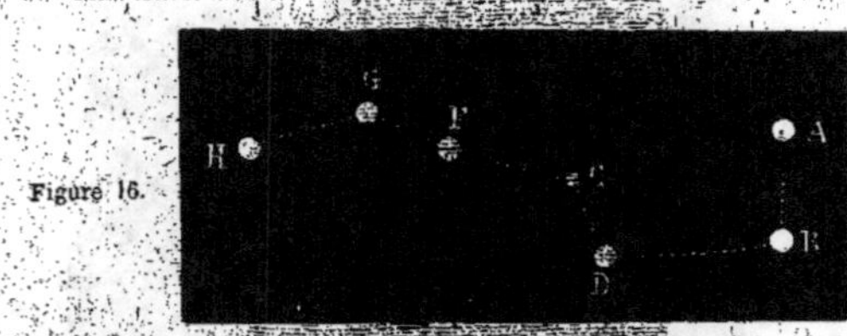

Figure 16.

plus petite étoile C. Cette constellation porte, en astronomie, le nom scientifique de *la Grande-Ourse*; ses deux premières étoiles A et B sont nommées les Gardes. On appelle aussi vulgairement cette constellation le Grand-Chariot; les quatre premières étoiles figurant les roues et les trois dernières le timon. Son nom de Grande-Ourse lui vient sans doute de ce que les points de la terre au-dessus desquels elle se trouve verticalement sont les régions du nord, où les animaux du même nom n'ont jamais manqué. Mais le peuple lui donne un nom beaucoup plus caractéristique et beaucoup plus approprié à sa forme : il l'appelle *la Casserole*. En effet, les trois étoiles en arc figurent très-bien la queue, et les quatre autres le corps de l'instrument. (Figure 17.)

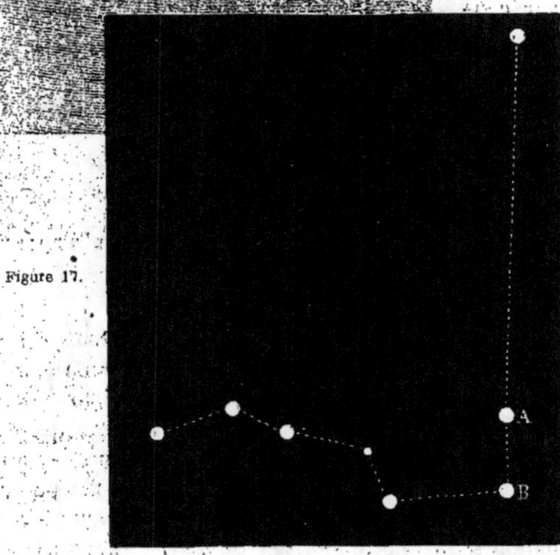

Figure 17.

Si l'on tire une ligne par les deux gardes A et B, et que l'on

prolonge cette ligne de cinq fois environ sa longueur du côté du
dessus de la Casserole, on va rencontrer sur cette ligne une étoile
P, sensiblement de même éclat que les six plus brillantes de la
Casserole; c'est cette der-
nière étoile P qui est l'étoile
polaire dont nous voulons
parler. (Figure 17.)

Si la terre était plate,
comme AB (fig. 18), et si
au point B il fallait lever les
yeux dans une certaine direction BC pour apercevoir
l'étoile polaire P, la ligne
BC étant élevée d'un certain
angle au-dessus de la terre,
lorsqu'on serait arrivé en
A, l'étoile polaire P est si
loin, si loin, qu'il fau-
drait lever les yeux de la
même quantité qu'en B,
suivant la ligne A D, pour
apercevoir l'étoile polaire.
Il est bien loin d'en être
ainsi, les navigateurs et
les personnes qui ont beaucoup voyagé du nord au
sud le savent bien. Lors-
qu'on est à l'équateur,
c'est-à-dire au centre de
la Guinée en Afrique, bien
plus au sud qu'en Algérie,
ou à Sumatra, plus loin
que la pointe sud de l'Asie,

Figure 18.

ou à Quito en Amérique, ou un peu au sud de Cayenne, sur la
ligne AB qui partage la terre en deux parties égales au nord et au
sud, en B, par exemple, la vue de l'homme, limitée par la terre,
n'aperçoit rien à gauche de la ligne BC. Mais l'étoile polaire P est
si loin et si grosse relativement à la terre, qu'un homme placé en
B voit cette étoile au bout de son horizon, dans la direction BC,
au ras de terre s'il est sur le continent, au niveau de la mer s'il
navigue. (Figure 19.)

Lorsqu'on se transporte en D, dans les régions du nord de la
terre, chez les Lapons ou chez les Esquimaux, la vue se trouve

bornée par la ligne D.F, et l'on voit toute la partie du ciel qui est
au-dessus de cette ligne. On a donc l'étoile polaire P dans la direc-

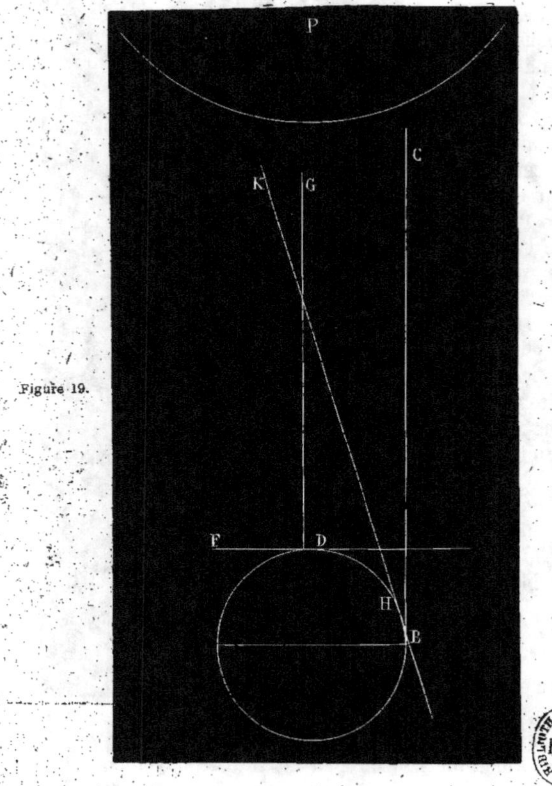

Figure 19.

tion D G, c'est-à-dire au-dessus de sa tête. On a l'habitude de par-
tager le contour d'un cercle ou d'une boule en 360 parties égales
qu'on appelle des degrés, en sorte que, en D, on peut dire qu'on
est à une distance de B du quart de 360 degrés ou de 90 degrés.
On voit donc qu'à l'équateur, on a l'étoile polaire à l'horizon, et
qu'à 90 degrés de l'équateur, on a la même étoile polaire au-dessus
de la tête. De plus, régulièrement, quand on aura marché de
1 degré sur la terre, de B en H, à partir de l'équateur, la ligne H K
qui limite la vue, s'inclinant de 1 degré sur la ligne B C qui limitai-

la vue à l'équateur, on verra donc l'étoile polaire P élevée de
1 degré au-dessus de l'horizon ; et ainsi de suite, régulièrement,
quand on sera à 2 degrés de l'équateur, on verra l'étoile polaire
s'élever de 2 degrés au-dessus de l'horizon. On comprend donc
bien qu'on marche sur une surface régulièrement courbe de l'équateur au pôle.

19. — PREUVE PAR LA MANIÈRE DONT LES OBJETS S'APERÇOIVENT A LA SURFACE DE LA MER.

La dernière raison que nous donnerons de la rondeur de la
terre, raison bien connue cette fois, c'est ce qui se passe au bord
de la mer lorsqu'un navire s'éloigne de la
côte. Quand il est à 2 ou 3 kilomètres de la
plage, il semble s'enfoncer dans l'eau, et l'on
n'aperçoit plus que le pont du navire. Un
peu plus tard, le pont disparaît, on ne voit
plus que la mâture, puis le vaisseau semble
s'enfoncer de plus en plus dans la mer ; on
ne voit plus que la moitié supérieure des
mâts jusqu'à ce qu'on n'en aperçoive plus
que la pointe, qui disparaît la dernière. Il
faut bien qu'un obstacle soit venu s'interpo-
ser entre les yeux et le navire, car, si l'on
s'aide d'une lunette, on voit plus distincte-
ment qu'avec les yeux, mais on n'en voit
pas davantage. Du reste, si l'éloignement
seul était la cause du phénomène, ce qu'on
cesserait d'apercevoir en dernier lieu seraient
les parties les plus compactes du navire, la
coque et le pont. (Figure 20.)

Ce phénomène est une cause toute natu-
relle de la courbure de la mer qui a la même
forme que la terre. Placé en A sur la plage,
l'observateur ne voit rien au-dessous de
la ligne AB qui limite sa vue. Lors donc
que le navire s'éloignant se place de plus
en plus au-dessous de cette ligne, on perd
de vue successivement les diverses parties du navire dans l'ordre que nous avons
décrit.

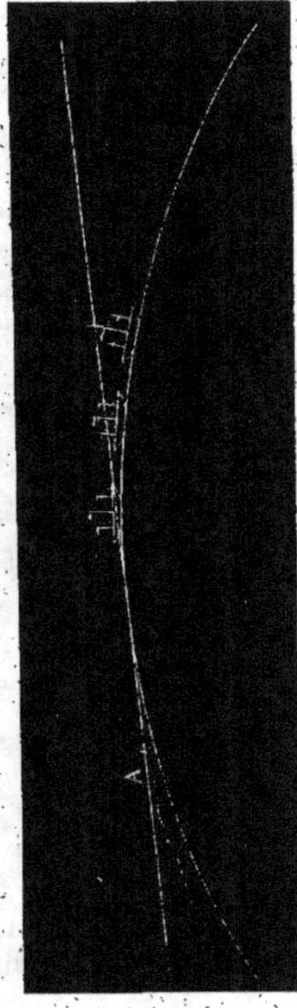

Figure 20.

L'inverse a lieu quand le navire s'approche de la côte : on aperçoit d'abord la partie supérieure des mâts, puis la voilure, puis le pont et enfin la coque du navire.

De même, lorsqu'un navire s'approche de la terre, ceux qui se trouvent sur le navire voient d'abord apparaître le sommet des montagnes, puis les arbres, puis les maisons et enfin les habitants; s'il s'éloigne, les hommes et les animaux disparaissent les premiers à la vue, puis les maisons, les arbres et enfin les points élevés de la côte s'évanouissent les derniers.

De même encore, quand deux navires s'approchent ou s'éloignent l'un de l'autre en pleine mer, pour chacun des deux navires l'effet est le même que pour un observateur qui du rivage regarde un navire qui arrive ou qui part.

20. — VALEUR APPROCHÉE DE L'ÉPAISSEUR DE LA TERRE.

Cette dernière observation va nous fournir un moyen de trouver une valeur approchée de l'épaisseur de la terre.

On apprend en géométrie que, lorsqu'on trace une ligne AB qui doit passer au centre d'une circonférence et une autre ligne AC qui, partant du même point, ne fait que toucher la circonférence, il suffit de multiplier la ligne AC par sa longueur même et de diviser le produit obtenu par la longueur de la ligne AB pour avoir toute la distance qui sépare le point A de l'autre extrémité de la circonférence, en D, c'est-à-dire la longueur de la ligne AD. (Figure 21.)

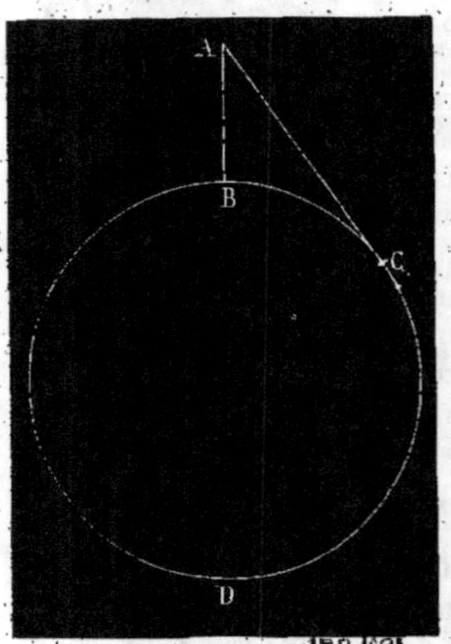

Ainsi, si la ligne AC avait 17 centimètres de longueur et la ligne AB 7 centimètres, en multipliant la ligne AC, 17 centimètres, par sa longueur, 17, ce qui ferait 289, et en divisant le produit 289 par la ligne AB ou par 7, on obtiendrait 41 centimètres pour la longueur de toute la linge de A en D.

Figure 21.

Or les marins ont des moyens assez précis pour mesurer la distance qui les sépare sur la mer d'un point qu'ils ont en vue, et on a constaté que c'est à une distance de 12 kilomètres environ que deux marins situés sur le pont de leurs navires, à 3 mètres environ au-dessus de la surface de l'eau, cessent de s'apercevoir.

La ligne AC qui touche la circonférence de la terre a donc la

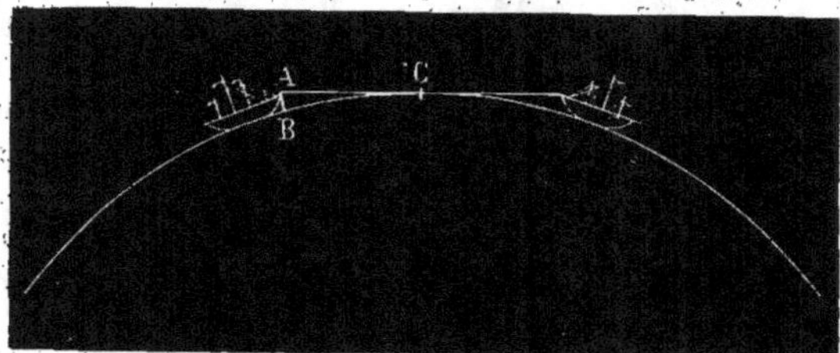

Figure 22.

moitié de 12 kilomètres ou 6 kilomètres, et la ligne AB, qui irait passer par le centre de la terre, 3 mètres. Alors nous n'avons qu'à multiplier 6 000 mètres, ou la ligne AC par sa longueur 6 000 mètres, ce qui fait 36 millions, et diviser 36 millions par la longueur de la ligne AB, 3, et nous obtenons 12 millions de mètres pour la longueur de la ligne AD qui irait de l'autre côté de la terre. Il faudrait bien retrancher les 3 mètres de la ligne AB pour avoir l'épaisseur de la terre, mais ce n'est pas la peine; 12 millions de mètres ou 12 000 kilomètres sont à peu près l'épaisseur de la terre et 6 000 kilomètres son rayon, c'est-à-dire la distance d'un point de la terre au centre. La vraie distance est 6 366 kilomètres, on voit donc que nous en sommes arrivés assez près.

21. — VALEUR APPROCHÉE DU VOLUME DE LA TERRE.

Le rayon d'une boule étant connu, on obtient facilement le volume de cette boule; il suffit pour cela de multiplier le rayon par sa longueur, puis le produit encore par cette même longueur et enfin le résultat par 4 unités 19 centièmes pour avoir le volume. En supposant 6 000 kilomètres pour le rayon de la terre, on trouve pour le produit de ce rayon par sa longueur 36 millions, et pour le produit de ce nombre encore par la longueur du rayon, 216 milliards de kilomètres cubes. En multipliant ce dernier nombre par 4,19 on arrive à 905 milliards de kilomètres cubes, ou 905 milliards de milliards de mètres cubes qui pèsent, comme nous l'avons dit plus haut, 4 706 milliards de milliards de tonneaux de mer. Cela donne 5 tonneaux de mer 2 dixièmes pour un mètre cube ou 5 kilogrammes 200 grammes pour 1 litre.

22. — OBJECTION TIRÉE DE LA HAUTEUR DES MONTAGNES.

La seule observation que puissent maintenant faire les personnes qui ont peu réfléchi, à propos de la rondeur de la terre, consiste à objecter la hauteur des montagnes. Si l'on veut bien se rendre compte de ce qu'est, toute proportion gardée, la hauteur d'une montagne par rapport à la terre, on verra combien cette objection a peu de portée. La plus haute montagne de la terre est le mont Himalaya, en Asie; il mesure 8 000 mètres d'élévation. Une hauteur de 8 000 mètres sur une boule qui a 12 000 kilomètres d'épaisseur revient à une hauteur de 8 mètres sur une boule qui aurait 12 kilomètres de diamètre, ou 8 millimètres sur une boule de 12 mètres de diamètre. Les rosaces qui ornent le dôme qui nous recouvre dans cet amphithéâtre sont fouillées à une profondeur telle, qu'elles sont bien plus considérables par leurs creux et leurs reliefs que les plus hautes montagnes de la terre et les profondeurs les plus grandes des mers. Assurément elles ne nous empêchent pas de dire que ce dôme est rond. Si nous poussions la comparaison plus loin et si nous arrivions, pour représenter la terre, à une boule de 50 centimètres d'épaisseur, d'un diamètre vingt-quatre fois plus petit que celui de la dernière boule dont nous avons parlé, une hauteur vingt-quatre fois plus petite que 8 millimètres, c'est-à-dire un tiers de millimètre, représenterait l'Himalaya; c'est-à-dire, littéralement parlant, qu'un cheveu de moyenne grosseur serait trop gros pour représenter la chaîne des Alpes sur un globe terrestre de 50 centimètres d'épaisseur. On n'exagère donc rien lorsqu'on dit que, toute proportion gardée, les hauteurs des montagnes et les profondeurs de la mer sont moins considérables que les rugosités de la peau d'une orange.

23. — GRANDEUR PROPORTIONNELLE DE L'HOMME.

Si les montagnes sont si peu de chose sur la terre, qu'est-ce donc de l'homme? Sur un globe de 12 mètres d'épaisseur, plus de dix mille hommes tiendraient l'un à côté de l'autre, couchés dans un espace de la grandeur de l'*o* que voici. Nous venons de parler de cet amphithéâtre de l'École de médecine et de son dôme. Il vient d'être peint il y a trois semaines, et bien certainement il s'y trouve déjà des animalcules microscopiques occupés à ronger cette peinture, de ces animalcules dont un mille seraient à l'aise dans une goutte d'eau. Eh bien, cherchez-en un avec vos yeux sur cette coupole, et quand vous l'aurez trouvé, vous aurez découvert un homme sur la terre ! et cet homme aura deux millièmes de millimètre de hauteur.

24. — LA TERRE TOURNE SUR ELLE-MÊME.

Après avoir parlé de l'isolement de la terre au milieu de l'espace, de son poids, de sa forme et de sa grosseur, nous avons à exposer qu'elle tourne sur elle-même, comme une toupie, dans un intervalle de vingt-quatre heures, c'est-à-dire dans l'intervalle d'une nuit et d'un jour réunis. Mais pour indiquer dans quel sens elle tourne, nous allons parler un peu du ciel pour y trouver des points de repère qui nous servent à indiquer le sens de son mouvement d'une manière irréprochable. Dire que la terre tourne de l'ouest à l'est, ou de droite à gauche, c'est-à-dire rapporter le mouvement de la terre à la terre elle-même, ou à l'espèce d'infusoire qu'est l'homme, c'est s'exposer à n'être pas clair, à n'être pas compris, à se voir en butte à des contradictions inutiles, tandis que dire que la terre tourne de façon à amener un point de sa surface d'abord en face d'une certaine partie du ciel, puis en face d'une autre, puis en face d'une troisième, c'est dire une chose qui peut être vérifiée avec les yeux, par tout le monde, et par conséquent une chose qui défie toute contradiction.

25. — CONSTELLATIONS.

Le ciel est parsemé d'étoiles que l'on voit toutes les nuits; ces étoiles ont été groupées par les observateurs en constellations, c'est-à-dire que, de même qu'un certain nombre de villes et de villages et le terrain qui les sépare forment ici un département ou une province, un certain nombre d'étoiles plus ou moins brillantes et les espaces qui les séparent forment une constellation.

26. — ZODIAQUE.

Il est, dans le ciel, tout autour de la terre, une bande remarquable, parce que c'est toujours entre le soleil et les étoiles de cette bande que se trouve la terre, c'est par conséquent toujours au milieu des étoiles de cette bande que se trouve vu le soleil, depuis la terre. C'est aussi dans la même région du ciel que nous voyons toujours la lune et les planètes dont nous parlerons plus tard. Cette bande se nomme ZODIAQUE, et elle est occupée par douze constellations. Ces douze constellations n'occupent pas toutes, sur cette bande, des intervalles égaux; il en est de plus grandes les unes que les autres, et il ne faut pas confondre les constellations du zodiaque avec ce qu'on appelle les SIGNES du zodiaque. La bande circulaire du zodiaque se partageant, comme tous les cercles, en 360 degrés, les douze signes du zodiaque sont douze portions égales, de 30 degrés chacune, prises sur cette bande. Voici quelques détails sur les constellations du zodiaque. Nous commencerons par la constellation des Poissons, parce que c'est en face des étoiles du milieu de cette constellation que le soleil se trouve, de nos jours, à l'époque du commencement du printemps.

La constellation des POISSONS a une assez grande étendue; elle se compose d'une file d'étoiles peu brillantes, de la forme qu'indique la figure 23; une seule de ces étoiles, qui forme la pointe à gauche, est assez éclatante. Cette constellation est tout entière levée, à l'est, vers dix heures du soir, dans notre climat de Paris, le 20 août, se trouve au milieu du ciel le 4 novembre, se couche le 6 février, toujours à dix heures du soir. Signe astronomique : ♓ les Poissons.

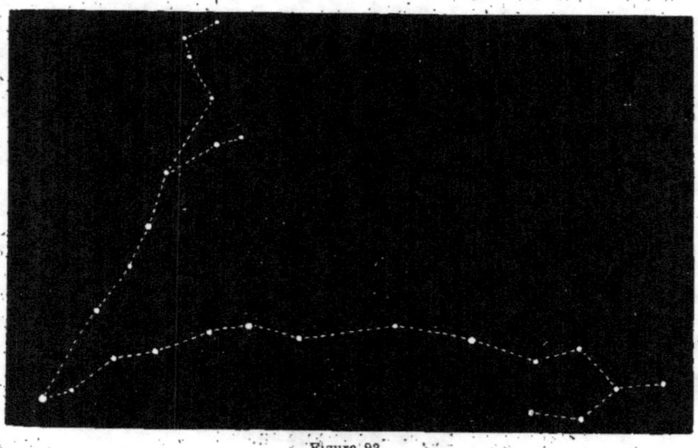

Figure 23.

Viennent ensuite : 2° la constellation du BÉLIER, petite constellation peu remarquable, levée vers dix heures du soir, le 27 août,

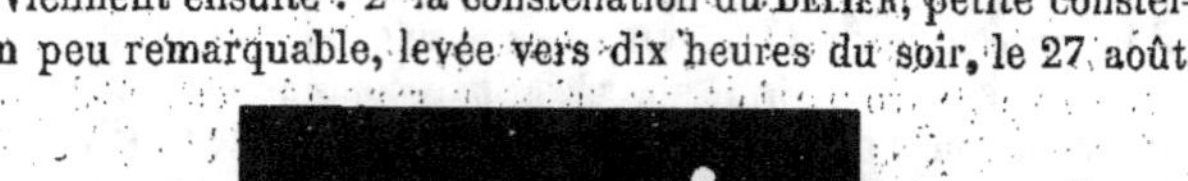

Figure 24.

se trouve au milieu du ciel le 28 novembre, se couche le 27 mars. Figure 24. Signe astronomique : ♈ le Bélier.

3° La constellation du Taureau, grande constellation très-remarquable à cause du groupe d'étoiles, les Pléiades, qui forme dans le ciel une grosse tache blanche dans laquelle les bons yeux distinguent plusieurs étoiles, que le peuple appelle la Poussinière, et qui fait partie de la constellation du Taureau. Elle a aussi une belle étoile à reflet rouge, située un peu plus bas, au sud-est des Pléiades, et nommée du nom arabe ALDÉBARAN ou l'œil du Taureau. La constellation du Taureau est tout entière levée vers dix heures du soir le 28 septembre, se trouve au milieu du ciel le 28 décembre, se couche le 25 avril. Signe astronomique : ♉ le Taureau. Figure 25.

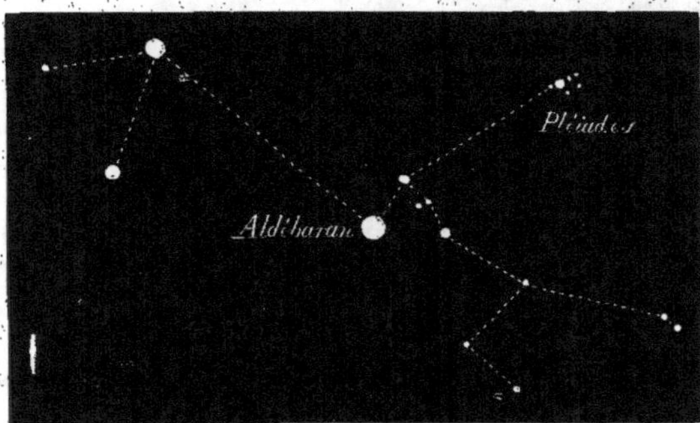

Figure 25.

4° Les Gémeaux, belle constellation remarquable par deux belles étoiles situées à l'est du groupe et nommées, la plus haute dans le ciel, CASTOR, la plus basse, POLLUX, tout entière levée vers dix heures du soir le 26 octobre, se trouve au milieu du ciel le

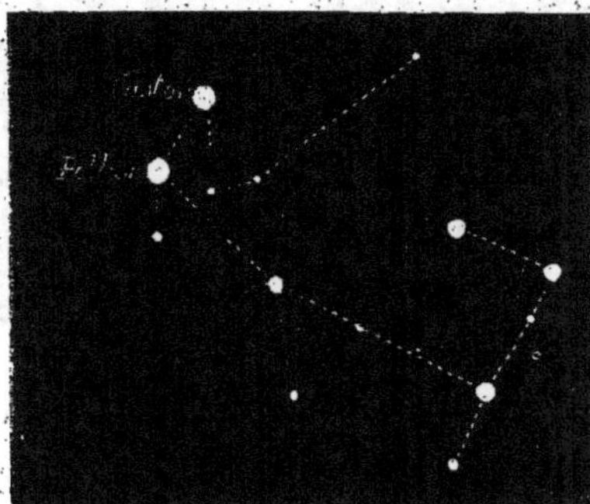

Figure 26.

5 février, se couche le 30 juin. Figure 26. Signe astronomique ♊ les Gémeaux.

5° Le CANCER ou, de son nom français, l'ÉCREVISSE, petite constellation peu remarquable, sinon par un groupe d'étoiles nommées

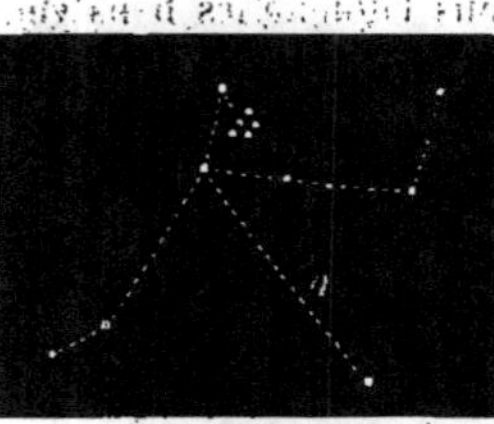

l'ÉTABLE du Cancer, mais que les meilleures vues peuvent seules apercevoir. Cette constellation, vers dix heures du soir, est tout entière levée le 1er décembre, passe au milieu du ciel le 1er mars et se couche le 21 juillet. Figure 27. Signe astronomique : ♋ l'Écrevisse.

Figure 27.

6° Le LION, grande et belle constellation, avec une belle étoile blanche, RÉGULUS ou le cœur du Lion, puis cinq étoiles au-dessus de Régulus formant la faucille. La ligne des gardes de la Grande-Ourse, qui donne la Polaire, figure 17, prolongée en sens inverse, passe au milieu de la constellation du Lion. Elle est, vers dix heures du soir, tout entière levée le 21 janvier, passe au milieu du ciel le 28 mars, se couche le 31 juillet. Figure 28. Signe astronomique : ♌ le Lion.

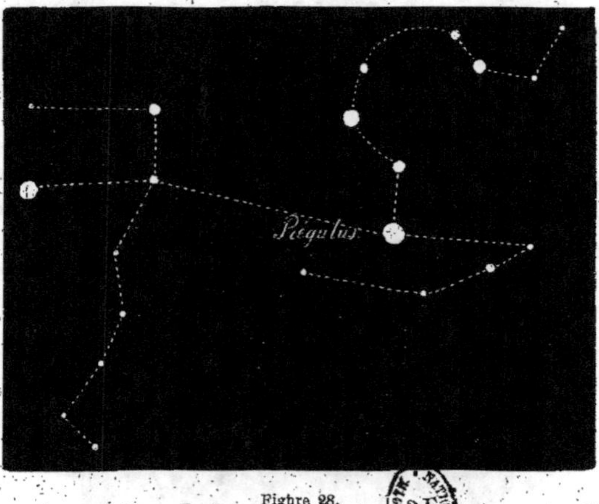

Figure 28.

7° La VIERGE, grande constellation remarquable par une belle étoile nommée l'ÉPI de la Vierge, bien facile aussi à retrouver dans le ciel. En prolongeant la courbe formée par les trois étoiles de la queue de la Casserole ou de la Grande-Ourse, F. G. H., figure 17, on trouve, sur cette courbe, d'abord une belle étoile rougeâtre, figure 29, de la constellation du *Bouvier*, nommée ARCTURUS ou le

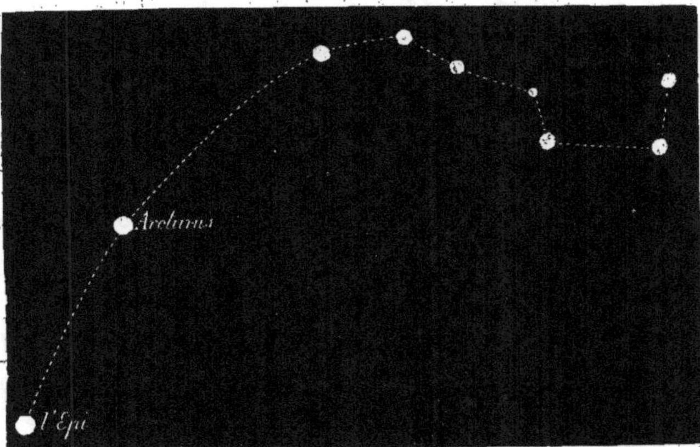

Figure 29.

genou du Bouvier, puis en continuant la même courbe on arrive à
une belle étoile blanche qui est l'Épi. La constellation de la Vierge,
vers dix heures du soir, est tout entière levée le 20 mars, se trouve
au milieu du ciel le 5 mai, se couche le 4 août. Figure 30. Signe
astronomique : ♍ la Vierge.

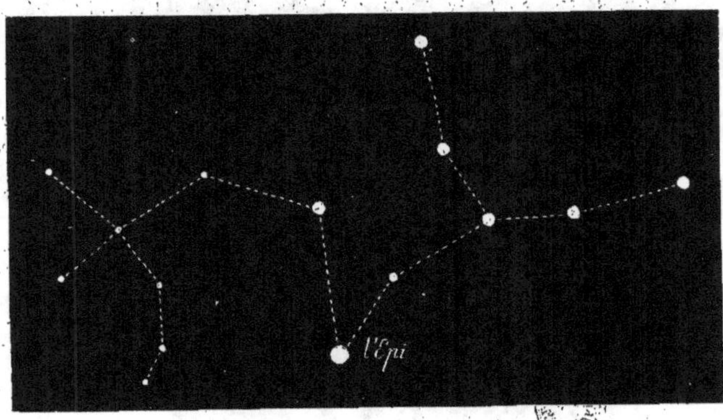

Figure 30.

8° La BALANCE, petite constellation à la suite de la Vierge, vers
dix heures du soir, tout entière levée le 24 avril, au milieu du

ciel le 6 juin, se couche le 18 août. Figure 31. Signe astronomique :
♎ la Balance.

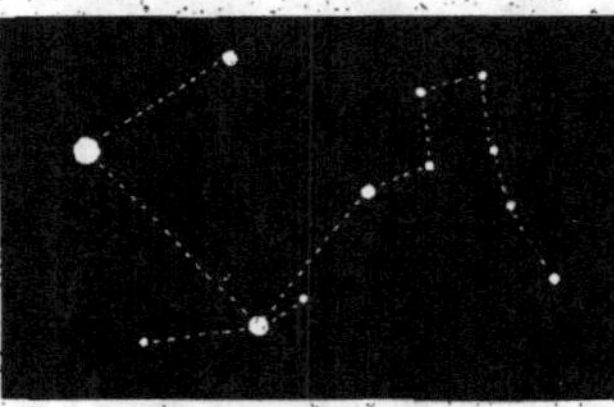

Figure 31.

9° Le Scorpion, grande constellation remarquable par beaucoup de belles étoiles, mais dans des climats plus méridionaux que le nôtre ; elle est toujours pour nous trop près de l'horizon. En Algérie, en Égypte, elle est bien plus belle que chez nous. Cependant son étoile principale, Antarès ou le cœur du Scorpion, lance des feux verts et rouges du plus bel effet. Le Scorpion, vers dix heures du soir, est levé le 15 juin, au milieu du ciel le 1er juillet, se couche le 20 août. Figure 32. Signe astronomique : ♏ le Scorpion.

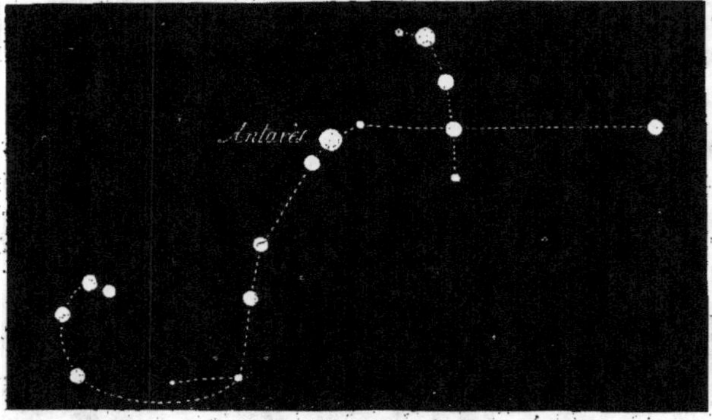

Figure 32.

10° Le Sagittaire, constellation de moyenne grandeur, bien plus belle aussi dans les climats du sud que dans le nôtre. Vers dix

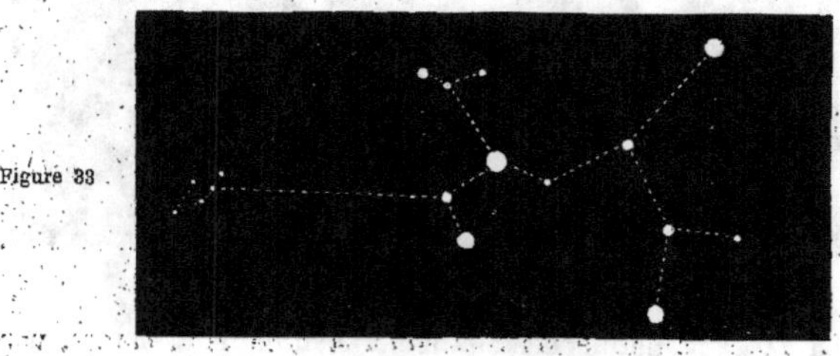

Figure 33

heures du soir, cette constellation est levée le 26 juin, se trouve au

milieu du ciel le 28 juillet, se couche le 20 septembre. Figure 33.
Signe astronomique : ⟼ le Sagittaire.

11° Le CAPRICORNE, assez grande constellation sans étoile bien
remarquable. Vers dix heures du soir, il est entièrement levé le
17 juillet, au milieu du ciel le 1er septembre, se couche le 16 novembre. Figure 34. Signe astronomique : ♑ le Capricorne.

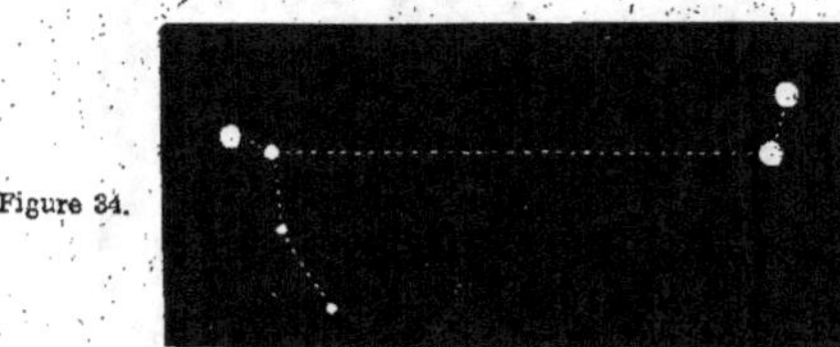

Figure 34.

12° Le VERSEAU, grande constellation sans étoile remarquable.
Vers dix heures du soir, il est entièrement levé le 31 juillet,
au milieu du ciel le 24 septembre, se couche le 20 décembre.
Figure 35. Signe astronomique : ♒ le Verseau.

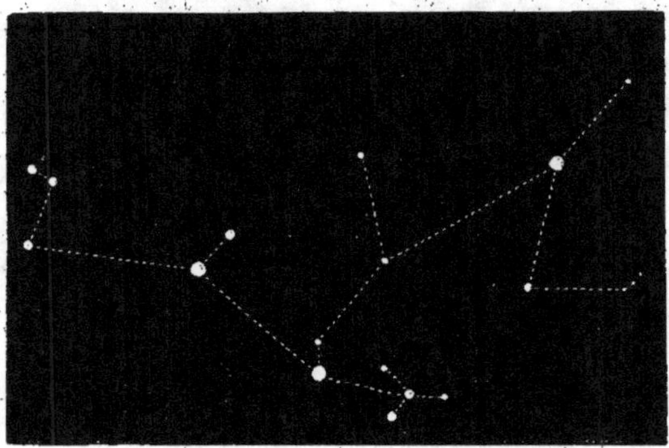

Figure 35.

Comme la terre cache constamment à l'observateur la moitié
du ciel, on ne voit à un moment donné, en moyenne, que six des
constellations du zodiaque sur l'horizon.

27. — SENS DU MOUVEMENT DE LA TERRE.

Nous pouvons dire maintenant d'une manière précise, qui ne
peut être sujette à aucune contestation, comment la terre tourne

sur elle-même. Elle tourne sur elle-même, figure 36, dans le sens qu'indique la flèche qui est auprès d'elle, de manière à amener un point de sa surface successivement en vue de chacune des constel-

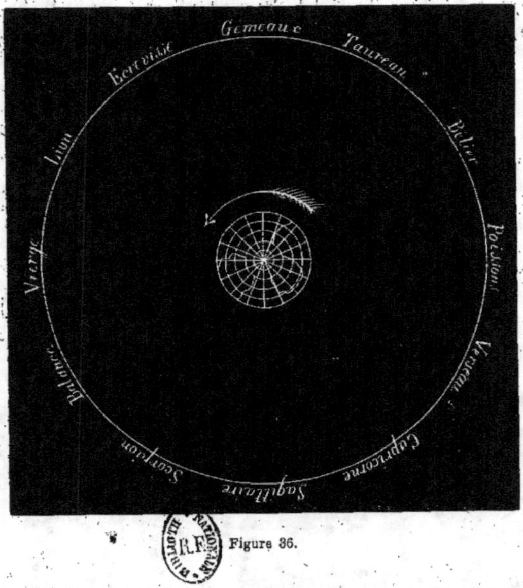

Figure 36.

lations du zodiaque, dans l'ordre où nous les avons nommées, c'est-à-dire dans le sens : Poissons, Bélier, Taureau, Gémeaux, etc.

28. — POSITIONS D'UN POINT DE LA TERRE A DIFFÉRENTES HEURES D'UNE JOURNÉE.

Ainsi, à l'époque où nous vivons, et sensiblement pendant cent ans, au bout desquels il y aura une différence d'environ six minutes dans les heures que nous allons indiquer, un point de la terre, comme Paris, sera, le 31 décembre, à 5 heures du soir, en face du quart de la constellation des Poissons, entre la cinquième et la sixième étoile comptée à partir de la droite de la figure 37, à la place où nous mettons un trait, c'est-à-dire que nous voyons la place marquée par ce trait au milieu du ciel le 31 décembre, à cinq heures du soir.

A sept heures du soir, on est en face de l'autre extrémité des Poissons, où nous avons mis un autre trait. (Figure 37.)

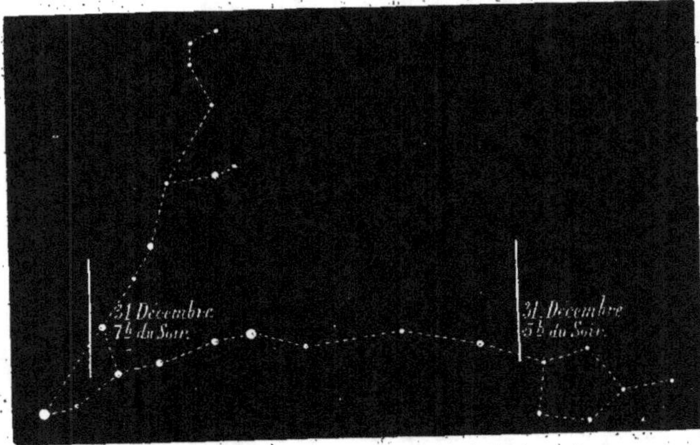

Figure 37.

A neuf heures du soir, en regardant toujours au milieu du ciel, à égale distance du levant et du couchant, on a dépassé la constellation du Bélier, et on est en face du cinquième de la constellation du Taureau, vis-à-vis des Pléiades. (Figure 38.)

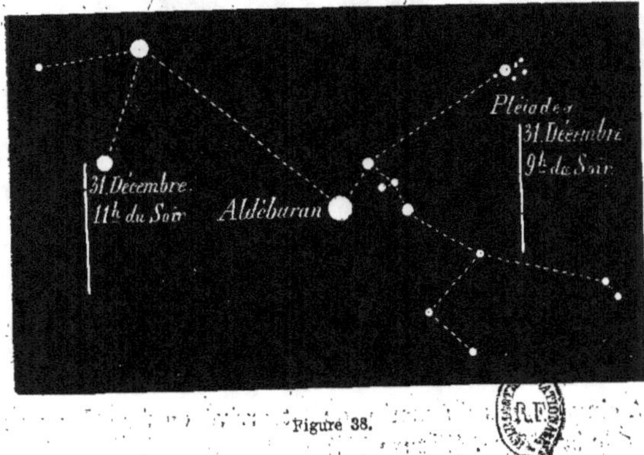

Figure 38.

A onze heures du soir, on arrive à la fin de la constellation du Taureau. (Figure 38.)

Le 1er janvier, à une heure du matin, on se trouve en face de la fin de la constellation des Gémeaux, sur la direction de Castör à Pollux. (Figure 39.)

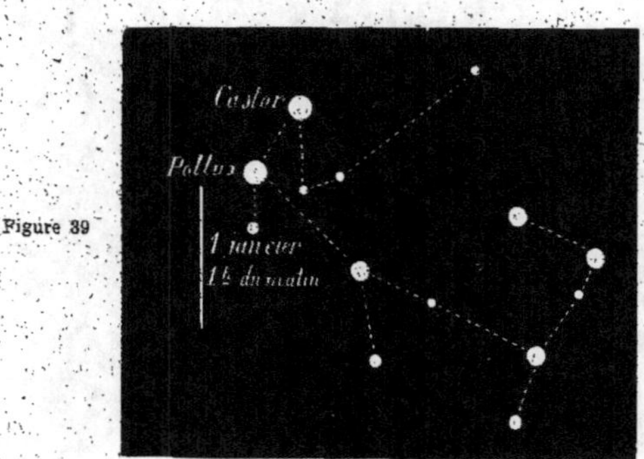

Figure 39

A trois heures du matin, on a dépassé le Cancer, et on est presque en face de la belle étoile Régulus du Lion. (Figure 40.)

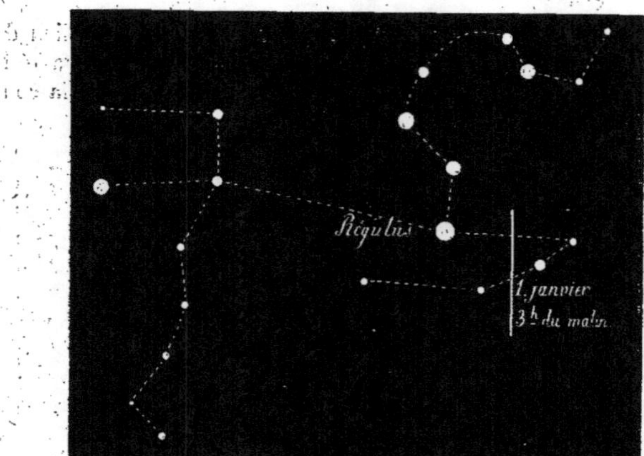

Figure 40.

A cinq heures du matin, on est arrivé en face des premières étoiles de la Vierge. (Figure 41.)

Et à sept heures du matin, en face des dernières étoiles de la même constellation. (Figure 41.)

Nous avons mis un trait sur chacune de ces figures pour indiquer le point du ciel en face duquel on se trouve à chacun de ces
instants.

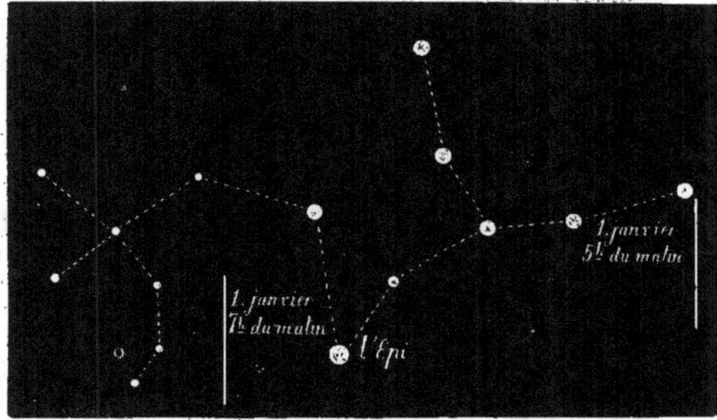

Figure 41.

On ne peut pas continuer à suivre ce mouvement, commencé
le 1ᵉʳ janvier, parce que le jour arrive et que la lumière du soleil
fait disparaître l'éclat des étoiles, mais ce que nous avons dit suffit
bien pour faire comprendre que la terre tourne sur elle-même dans
le sens : Poissons, Bélier, Taureau, Gémeaux, etc.

29. — PREUVE PAR L'OBSERVATION DIRECTE.

On choisira un objet élevé au nord duquel on puisse se placer.
A la campagne, ce sera le bord d'une maison ou un grand jalon,
figure 42, ou un arbre dépourvu de feuilles. A la ville, les édifices
ne manquent pas, et nous prendrons par exemple à Paris la colonne
de Juillet, sur la place de la Bastille. On se mettra à quelque distance de la colonne, du côté du boulevard Richard-Lenoir, c'est-à-
dire du côté de l'étoile polaire que nous avons appris à reconnaître,
figure 17. Avec la colonne de la Bastille devant soi, et l'étoile
polaire derrière la tête, il est bien certain que la terre en tournant
va emporter l'observateur et la colonne et les faire marcher de
façon que la colonne se déplacera dans le ciel et ira, pour l'œil de
l'observateur, d'une étoile à une autre étoile. Le mouvement aura
lieu dans le sens où la terre tourne, c'est-à-dire que, si l'on a soin
d'avoir l'étoile polaire derrière la tête, on verra successivement la
colonne ou l'objet que l'on aura choisi se porter dans le ciel de la

constellation des Poissons à celle du Bélier, puis à celles du Taureau, des Gémeaux, etc. Ainsi, figure 42, si l'on choisit une étoile

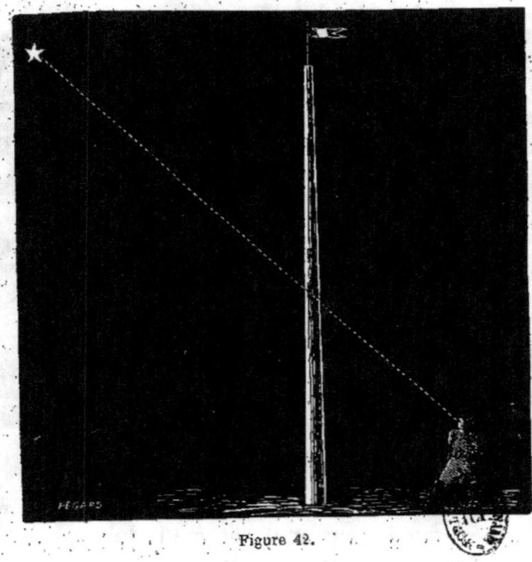

Figure 42.

qui soit près de se cacher derrière l'objet et que les pieds ne quit-
tent plus leur place, au bout d'un instant la colonne ou l'objet que
l'on aura choisi cachera l'étoile et il faudra se pencher pour la
revoir. Un peu plus tard l'étoile disparaîtra de nouveau et il faudra
se pencher davantage jusqu'à ce que, à moins de tomber, on ne
puisse plus la voir, même en se penchant. Dans le jour, on pourra
faire la même expérience avec le soleil, en prenant un verre noirci
à la fumée pour ne pas s'abîmer la vue; on pourra aussi constater
le même effet avec la lune pendant la nuit et même quelquefois
pendant le jour, lorsque la lune est assez loin du soleil pour être
visible. Enfin, si l'air est très-calme et si quelques petits nuages
se voient au ciel dans la direction convenable, on pourra observer
que la colonne ou l'objet ne passe pas devant ces nuages, parce
qu'ils tournent avec la terre.

30. — OBJECTION ET RÉPONSE.

L'objection, tout le monde la connaît; elle consiste à dire que
c'est la lune, le soleil, les étoiles qui tournent avec le ciel et se

cachent derrière la colonne ou la maison. Mais elle ne tient pas devant la réflexion. Il suffit en effet d'un mouvement de quelques mètres pour que la terre entraîne l'observateur et l'objet qui lui sert à viser une étoile, devant cette étoile, en cinq ou six minutes, tandis qu'à la distance où elle est, ce seraient des milliards de milliards de kilomètres qu'il lui faudrait faire pendant le même temps pour se cacher derrière l'objet, si c'était l'étoile qui fût en mouvement. Il y a plus : la colonne, après avoir fait le tour du ciel devant les yeux de l'observateur en tournant avec la terre, retrouve la lune derrière elle au bout d'un temps parfaitement déterminé. Si l'on voulait que la terre fût immobile et que la lune tournât autour d'elle dans l'intervalle de vingt-quatre heures, il faudrait à la lune, située à 375 000 kilomètres environ de nous, une vitesse de rotation déjà considérable. Cette distance de 375 000 kilomètres vaut un peu plus de dix fois le tour de la terre, et il faudrait un peu plus d'une seconde à un signal du télégraphe électrique pour la franchir. Le soleil est environ 400 fois plus loin de nous que la lune; il faudrait 8 minutes 1/2 environ au premier signal d'une dépêche pour y arriver, le soleil devrait donc avoir une vitesse 400 fois plus grande que celle de la lune pour faire le tour de la terre en vingt-quatre heures. L'étoile la plus voisine de nous est 205 000 fois plus loin que le soleil, l'électricité mettrait trois ans et demi pour y atteindre; cette étoile devrait donc avoir une vitesse 205 000 fois plus grande que celle du soleil, 80 millions de fois plus grande que celle de la lune, pour tourner autour de la terre en vingt-quatre heures. Des étoiles que nous voyons avec les yeux, la plus éloignée est des centaines de fois plus loin que la plus proche, il lui faudrait une vitesse épouvantable. Le dernier point lumineux que les télescopes aperçoivent dans les profondeurs indéfinies des cieux est encore des centaines de fois plus loin que la dernière étoile visible à l'œil, ce serait quelque chose d'horrible que sa vitesse. Des millions d'étoiles qui brillent au ciel on peut affirmer qu'il n'en est pas deux qui soient à la même distance de la terre, par conséquent il y aurait des millions de vitesses différentes, calculées avec une précision inouïe, pour faire que toutes ces étoiles reviennent à point nommé à la même place sous nos yeux.

Si seulement une étoile se mettait en avance ou en retard de la millionième partie d'une seconde tous les jours, au bout de mille jours, ou trois ans, le retard ou l'avance serait d'un millième de seconde, et au bout de 500 fois trois ans ou 1 500 ans, d'une demi-seconde. Or il y a plus de deux mille ans qu'un astronome d'Alexandrie, nommé Hipparque, nous a transmis des données exactes, que nous possédons encore, sur les positions relatives des étoiles de son temps, et une différence d'une demi-seconde se constaterait sans peine.

Il y a plus encore. La lune n'est pas constamment à la même distance de la terre, elle s'en rapproche jusqu'à 350 000 kilomètres, elle s'en éloigne jusqu'à 400 000 kilomètres. On peut dire qu'elle n'est pas deux jours de suite, pas deux heures de suite à la même distance de la terre. Il faudrait donc qu'elle tournât moins vite autour de la terre quand elle en est plus proche, plus vite quand elle en est plus loin, que sa vitesse changeât d'instants en instants, et dans une proportion parfaitement définie; tout cela est d'une complication impossible et dérouterait toutes les idées reçues en mécanique.

Disons enfin que la mécanique reconnaît et explique très-bien qu'un corps plus petit tourne autour d'un corps plus gros, mais qu'elle n'a aucune manière d'établir et de calculer le mouvement d'un corps plus considérable autour d'un plus petit, le calcul qu'on voudrait appliquer à pareil mouvement ne conduirait qu'à des absurdités. Et la terre est presque le plus petit des corps du ciel, il n'est pas une des étoiles du ciel qui ne soit des centaines de mille fois plus grosse, et l'on voudrait que toutes, toutes les étoiles et tous les corps célestes tournassent autour de notre grain de poussière et lui obéissent!

31. — PREUVE PAR LES CORPS QUI TOMBENT D'UNE GRANDE HAUTEUR.

Figure 43.

Lorsqu'on laisse tomber un corps d'une certaine hauteur, dès

que ce corps doit mettre quatre ou cinq secondes pour arriver à la
fin de sa chute, on remarque un fait particulier qui prouve que la
terre est en mouvement. Supposons-nous au sommet d'une tour,
de l'une des tours de Notre-Dame par exemple, au coin de celle
qui est du côté de l'hôtel de ville, figure 43. Il est clair que si, au
lieu de laisser tomber une pierre naturellement, on la lançait dans
le sens de la longueur de l'église, avec une force capable de lui
faire parcourir un mètre par seconde, si elle doit mettre quatre
secondes pour arriver à terre, elle touchera terre à 4 mètres du
point où elle aurait dû arriver si elle était tombée naturellement.
Mais le mouvement de la terre dans le sens de la flèche qui est sur
la figure produit précisément le même effet que si la pierre était
lancée avec une certaine force. Il est impossible en effet que dans
ce mouvement la terre ne fasse pas faire plus de chemin dans le
même temps au sommet de la tour qu'à son pied, de même qu'en
faisant tourner un bras, avec la main ouverte, on voit que le bout
des doigts fait un cercle plus grand que le poignet ou que le coude,
et par conséquent fait plus de chemin dans le même temps. La

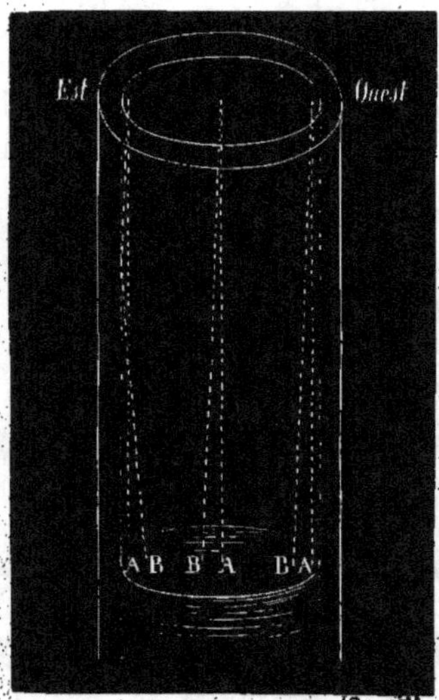

Figure 44.

pierre, qui est au haut de la tour, faisant, par exemple, dans quatre
secondes, avec la terre qui l'entraîne, un demi-mètre de plus que
les pavés qui sont au pied de la tour, cette pierre doit tomber

comme si elle était lancée avec une force capable de lui faire faire
un demi-mètre dans le temps qu'elle met à tomber. Elle doit donc
arriver à terre, non en A, extrémité de la verticale du point où l'on
a lâché la pierre, mais en B, à un demi-mètre de A, dans le sens
du mouvement de la terre, du côté du soleil levant. C'est en effet
ce qu'on observe toutes les fois qu'on laisse tomber un corps d'un
point élevé. Ainsi, figure 44, pour peu qu'un puits soit profond,
une pierre lâchée au centre de la margelle, ne frappera pas l'eau
du puits au centre de la surface de cette eau; une pierre, lâchée au
bord ouest de la margelle, atteindra l'eau à une certaine distance
du bord, sans toucher la paroi du puits; abandonnée à elle-même
au bord est de la margelle, elle frôlera toujours la paroi avant
d'atteindre l'eau.

32. — PREUVE PAR LA VARIATION DE LA PESANTEUR A LA SURFACE DU GLOBE.

Toutes les fois que l'on fait tourner un corps, les différents
points de ce corps ont une tendance à s'éloigner du centre de rotation. Cette tendance est désignée sous le nom de force centrifuge,
c'est-à-dire force qui pousse les corps à fuir le centre. On peut
s'assurer facilement de l'existence de cette force en faisant tourner
une pierre attachée à une ficelle, comme le montre la figure 45 : on

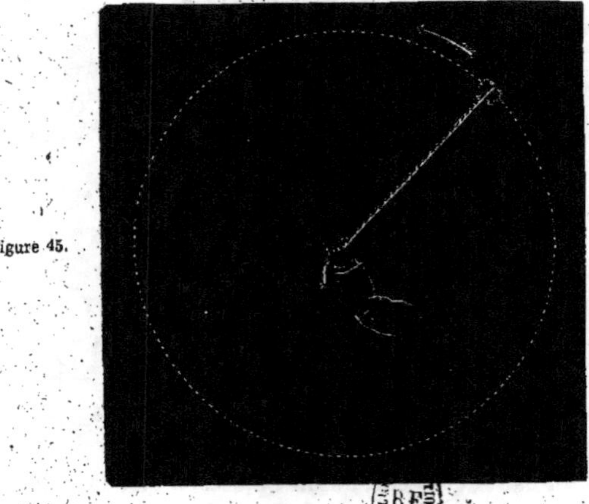

Figure 45.

remarquera facilement que la ficelle sera d'autant plus tendue et

tirera d'autant plus sur la main que l'on tournera plus vite. Si
même la ficelle est assez faible, la pierre assez pesante et le mouvement assez rapide, sous l'influence de la force qui éloigne la pierre
de la main, centre du mouvement, on verra la ficelle se briser et la
pierre continuer son chemin, non plus en ligne courbe, figure 46,

Figure 46.

suivant la circonférence qu'elle décrivait auparavant, mais en ligne
droite, dans la direction du petit élément de circonférence qu'elle
suivait un instant avant que la ficelle ne se rompît.

La même force peut se mettre en évidence d'une manière
assez intéressante, figure 46; si on attache à une ficelle un verre à
moitié plein d'eau, l'orifice du verre tourné du côté de la main qui
tient la ficelle, et qu'après avoir fait osciller ce verre de plus en
plus vite, on finisse par lui imprimer un mouvement de rotation
assez rapide, l'eau ne tombera pas du verre, s'appliquant contre
le fond avec d'autant plus de force que l'on tournera plus rapidement.

Voyons l'effet que doit produire la rotation de la terre, dans
cet ordre d'idées, sur la pesanteur des corps qui sont à sa surface.
Si la terre tourne sur elle-même, comme une toupie, les points de
sa surface qui sont voisins de la ligne autour de laquelle se fait la
rotation, comme au Groënland, en Laponie, ne font pas beaucoup
de chemin en vingt-quatre heures. Les points de la surface de la
terre situés à égale distance des extrémités de l'axe de rotation,
à l'équateur, font beaucoup plus de chemin en vingt-quatre
heures pour faire un tour entier comme les autres. La longueur

d'une circonférence s'obtient en géométrie en multipliant sa largeur ou son diamètre par 3 unités 14 centièmes; si nous nous en

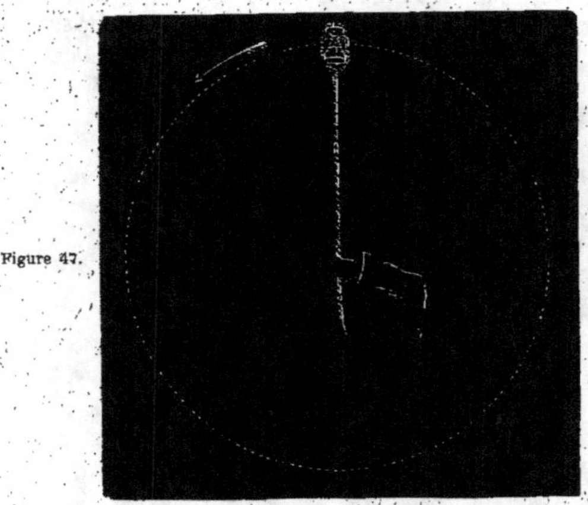

Figure 47.

tenons à notre première appréciation (n° 20), qui nous a donné 12 000 kilomètres pour l'épaisseur de la terre, nous trouverons qu'à l'équateur la circonférence de la terre est d'environ 36 000 kilomètres, c'est le chemin que font en vingt-quatre heures les corps qui sont à l'équateur. Ce chemin se réduit à 1 500 kilomètres par heure, en divisant 36 000 par 24, et à 25 kilomètres par minute, en divisant 1 500 par 60. C'est en réalité 27 kilomètres par minute que parcourent les corps situés à l'équateur, soit vingt-sept fois la vitesse ordinaire d'un train de voyageurs en chemin de fer. Au Groënland, à 80 degrés de l'équateur, cette vitesse se réduit à 4 mètres 69 centimètres par minute. Comme la pesanteur est la force avec laquelle les corps sont attirés vers le centre de la terre, comme c'est la pesanteur qui remplace la ficelle des figures 45, 46 et 47, on comprend que cette ficelle sera plus tendue, en d'autres termes, la pesanteur sera plus diminuée pour les corps qui sont à l'équateur que pour ceux qui sont au nord et, pour la même raison, que pour les corps qui sont au sud. Ainsi, en résumé, le fait de la rotation de la terre doit produire sur les corps une diminution de pesanteur à l'équateur plus considérable que dans le nord et dans le sud de notre globe, la pesanteur des corps doit diminuer à la surface de la terre à mesure que l'on s'approche de l'équateur. On a calculé que, si la terre tournait dix-sept fois plus vite, si elle ne mettait que 1 heure 25 minutes pour faire un tour, la pesanteur

serait détruite à l'équateur par la force centrifuge, et de même,
figure 48, qu'une roue de voiture lance derrière elle la boue qui

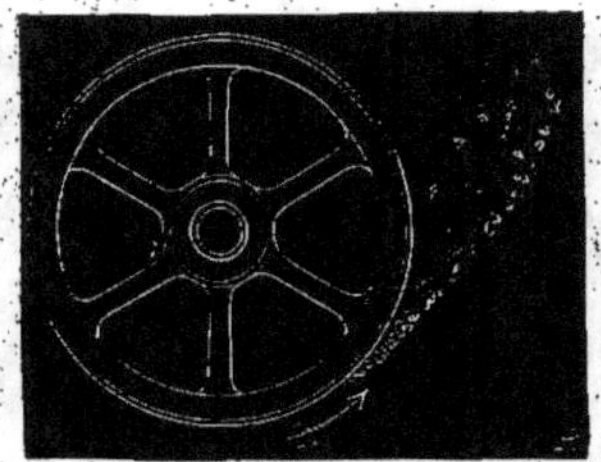

Figure 48.

s'y est un instant attachée, la terre, à l'équateur, figure 49, lance-
rait dans l'espace les corps qui pourraient se détacher de sa sur-

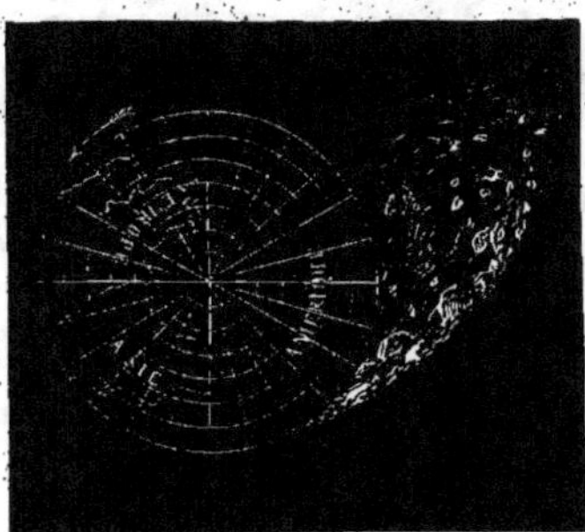

Figure 49.

face. Pour employer une image plus gaie, nous dirons que si, dans
ce cas, on s'avisait de sauter à cloche-pied dans le voisinage de
l'équateur, on ne redescendrait plus.

Les observations viennent confirmer le raisonnement que nous
venons de faire, et il est certain que le poids des corps augmente
de 5 grammes environ par kilogramme de l'équateur au nord de la
terre. Il est bien entendu qu'il s'agit du poids absolu et non du
poids relatif qu'on obtient avec une balance. Il est bien clair que
si, après avoir pesé un corps avec une balance et trouvé 10 kilogrammes, par exemple, pour le poids de ce corps à l'équateur, en
se transportant vers le nord, comme les poids en cuivre ou en fer
diminueront de pesanteur en même temps que le corps à peser, on
trouvera toujours 10 kilogrammes pour le poids du corps. Mais si
l'on suspend le corps à un ressort, figure 50, si le ressort est assez
sensible, on pourrait constater, en se transportant de l'équateur au

nord de la terre, que le ressort fléchit de plus en plus à mesure qu'on s'éloigne de l'équateur.

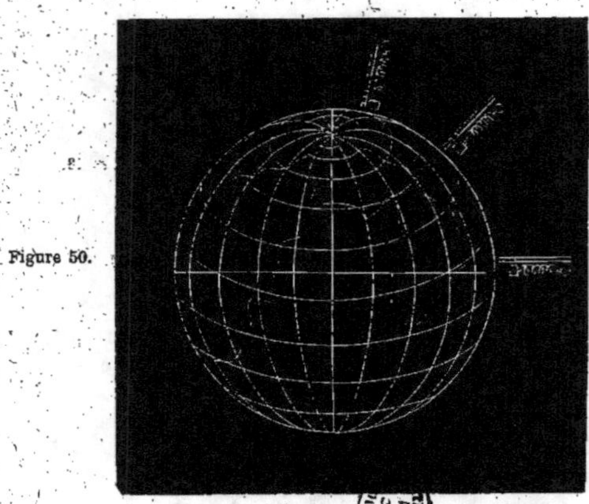

Figure 50.

Ce n'est pourtant pas avec un ressort qu'on a constaté cette augmentation de la pesanteur avec la distance à l'équateur, c'est avec le pendule. On s'est assuré qu'un même pendule, pourvu qu'on lui conserve sa longueur, fait dans le même temps d'autant plus d'oscillations que la pesanteur est plus forte. On peut s'en rendre compte en faisant un pendule avec une lentille en fer, et, après avoir compté combien il fait d'oscillations en cinq minutes par exemple, en plaçant sous le pendule, à une certaine distance, un aimant qui attirera la lentille, c'est-à-dire qui augmentera sa pesanteur. On verra alors qu'en cinq minutes le pendule fait plus d'oscillations que la première fois. En approchant davantage l'aimant de la lentille ou en le remplaçant par un aimant plus puissant, on verra le nombre des oscillations augmenter encore pour le même intervalle de temps. Comme on constate aussi que plus un pendule est long, plus ses oscillations sont lentes, on en conclura que pour qu'un pendule marque la seconde, c'est-à-dire pour que son oscillation dure juste une seconde, malgré la diminution de la pesanteur, il faudra qu'il soit plus court à l'équateur qu'à une certaine distance de ce même équateur. C'est sous cette dernière forme que l'expérience a été faite en différents lieux de la terre; on a trouvé pour la longueur du pendule qui bat la seconde : à l'île Rawack (équateur), 991 millimètres 13 centièmes de millimètre, c'est M. de Freycinet qui a fait l'expérience. MM. Biot, Arago, etc., ont obtenu à Paris, à 49 degrés au nord de l'équateur, 993 millimètres 94 centièmes. M. Bessel, à Kœnigsberg, à 55 degrés au nord de l'équateur, 994 millimètres 41 centièmes. M. Svanberg, à Stockholm, à 59 degrés, 994 millimètres 92 centièmes. M. Sabine, au Spitzberg, à 80 degrés au nord de l'équateur, 996 millimètres 13 centièmes. M. Duperrey, à l'Ile de France, à 20 degrés au sud de l'équateur, 991 millimètres 85 centièmes. M. de Freycinet, au cap de Bonne-Espérance, à 34 degrés sud, 992 millimètres 64 centièmes. M. Foster, au cap Horn, à 56 degrés sud, 994 millimètres 62 centièmes, et à Nord-Shetland, à 63 degrés au sud de l'équateur, 995 millimètres 23 centièmes.

33. — PREUVE PAR L'APLATISSEMENT DE LA TERRE.

Nous apprendrons plus tard par suite de quelles considérations on a trouvé que la terre, dans le sens de l'axe autour duquel elle tourne sur elle-même, a une épaisseur moindre que dans le sens de l'équateur, d'un point de l'équateur au point diamétralement opposé. En appelant pôles les points où l'axe perce la surface de la terre, il arrive, conformément à ce que nous venons d'exposer, que le rayon du pôle est plus petit que le rayon de l'équateur. Cette différence entre le rayon du pôle et celui de l'équateur est de 21 kilomètres ou de la trois centième partie du rayon de l'équateur. Disons d'abord que cet aplatissement, bien plus considérable, trois fois plus considérable presque que la hauteur de la plus grande montagne, est insuffisant pour modifier l'idée que nous nous sommes faite de la rondeur de la terre. Dire, en effet, que le rayon du pôle est de 1 trois-centième plus petit que le rayon de l'équateur, c'est dire que si l'on prenait une boule de 3 mètres ou 300 centimètres de rayon pour représenter la terre, il faudrait amincir cette boule, du côté qui doit représenter le pôle, du 3 centièmes de 3 mètres ou de 1 centimètre. La boule qui représenterait ainsi la terre aurait donc 3 mètres de rayon à l'équateur, et 2 mètres 99 centimètres ou 1 centimètre de moins de rayon au pôle. Nos yeux ne s'apercevraient certainement pas que cette boule est aplatie.

On a dit souvent que cet aplatissement était la cause de la diminution de la pesanteur à l'équateur, parce que les corps sont attirés par la terre comme si la force d'attraction de cette terre résidait en son centre même, et que vers les pôles on est moins éloigné de ce centre que lorsqu'on se trouve à l'équateur, d'où une attraction plus forte. On n'a pas assez réfléchi, croyons-nous, qu'à l'équateur, si l'on se trouve plus loin du centre de la terre, il y a plus de matière interposée entre ce centre et la surface, et comme

c'est cette matière qui produit l'attraction, si la pesanteur est diminuée par l'éloignement du centre, elle est augmentée par la plus
grande quantité de molécules matérielles qui agissent, en sorte
que, sans la rotation qui développe la force centrifuge, la pesanteur
serait sensiblement la même à l'équateur qu'au pôle. Dans tous les
cas, cet éloignement serait insuffisant pour expliquer une diminution de 5 grammes par kilogramme que l'on observe entre le poids
d'un corps au pôle et le poids du même corps à l'équateur.

Cet aplatissement lui-même se trouve être la conséquence de
la rotation de la terre sur elle-même, comme nous allons l'expliquer, et prouve, par suite, cette rotation. Établissons d'abord
l'expérience suivante : lorsque, dans deux vases communicants, par
exemple dans un tube recourbé, figure 51, on met dans l'une des

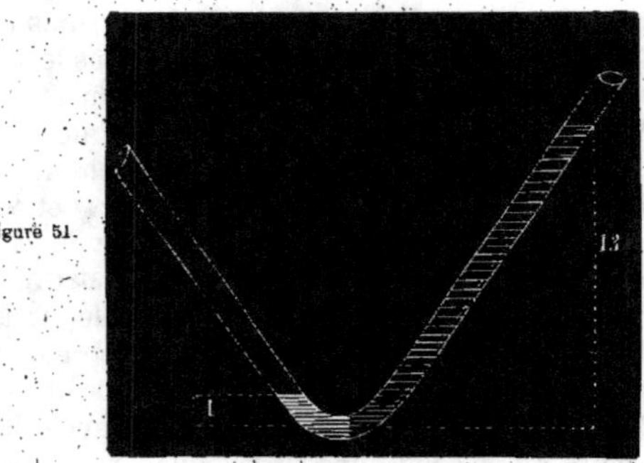

branches un certain liquide, comme de l'eau, et dans l'autre
branche un autre liquide, comme du mercure, l'équilibre exige,
pour s'établir, que la hauteur du mercure, plus dense que l'eau,
soit moins grande que celle de l'eau. Si l'on veut, par exemple, que
la hauteur verticale du mercure au-dessus de la surface de séparation des deux liquides soit de 1 décimètre, comme le mercure est
treize fois plus dense que l'eau, il faudra mettre dans l'autre
branche une hauteur verticale de 13 décimètres d'eau.

Or, dans des temps si éloignés de nous que nous ne pouvons nous
en faire une idée, il y a des millions d'années, la température à la
surface et dans l'intérieur de la terre était de deux ou trois mille
degrés, les coulées de basaltes, de porphyres, sont là pour l'attester ;
tous les matériaux qui composent aujourd'hui notre terre à l'état
solide étaient liquides, tous les métaux étaient fondus, peut-être
volatilisés. Quoique dans cet état fluide, la terre devait tourner sur

elle-même, comme elle tourne encore aujourd'hui, sauf peut-être
une différence dans la vitesse de rotation. Imaginons, figure 52, un

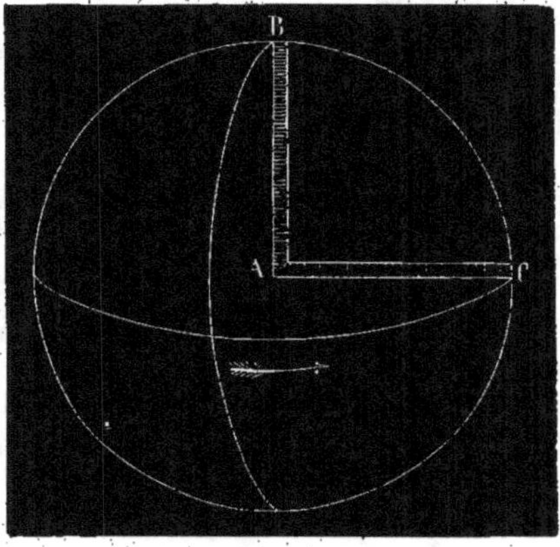

Figure 52.

canal de matière fluide A B, allant du centre A de la terre au pôle B,
et un autre canal allant du centre de la terre A à l'équateur C. Les
matériaux du premier canal, n'ayant presque pas de mouvement
pendant une rotation de la terre dans le sens de la flèche, ne subis-
sent en rien l'effet de la force centrifuge et pèsent de tout leur
poids les uns sur les autres; les matériaux du deuxième canal A C
au contraire, tournant avec la terre d'autant plus vite qu'ils sont
plus voisins de l'équateur C, ont une tendance, due à la force centrifuge, à s'écarter du centre. Cela revient à dire qu'ils pèsent moins,
que ceux du canal A B. Nous voilà donc en présence de deux canaux
communicants, remplis de deux liquides de densités différentes,
comme le tube de la figure 51. Le canal A C, qui contient le liquide
le moins pesant, doit donc être plus long que le canal A B. C'est
donc là une preuve que la terre a tourné sur elle-même à l'époque
à laquelle nous faisons allusion, et tourne encore aujourd'hui,
puisque dans l'éternité, il y a des millions d'années, c'était hier, et
dans des millions d'années ce sera demain.

34. — PREUVE PAR ANALOGIE.

Depuis que Galilée a braqué sur le ciel la première lunette, on
s'est aperçu de mouvements dans le ciel analogues à celui qui nous
occupe. La surface du soleil présente des taches qui, en huit jours

par exemple, se déplacent d'une certaine quantité. Chaque fois qu'une nouvelle tache apparaît sur le soleil, et cela arrive très-souvent, on constate qu'elle marche de la même quantité. Cette régularité dans le mouvement des taches prouve jusqu'à l'évidence que le soleil tourne régulièrement sur lui-même en entraînant ces taches dans sa rotation. Les lunettes ont été perfectionnées, on a vu de plus en plus distinctement d'autres corps célestes que le soleil. Tous ceux qui ont pu être assez nettement examinés tournent sur eux-mêmes, les uns plus vite, les autres moins vite, et, chose bien digne de remarque, tous dans le même sens. Ainsi un point de la surface du soleil, de la surface de la lune, de la surface de Jupiter, est amené, par la rotation de l'astre sur lequel il repose, à un certain moment, en face de la constellation des Poissons, un peu plus tard, vis-à-vis du |Bélier, quelque temps après en face des étoiles de la constellation du Taureau, et ainsi de suite dans l'ordre où nous avons décrit ces constellations. Il n'y a donc aucune raison de croire que, au contraire de tous ces astres qui se meuvent, la terre seule est immobile; cette raison d'analogie a donc une grande puissance.

35. — PREUVE DIRECTE PAR LE PENDULE.

Un physicien du plus grand mérite, M. Léon Foucault, a eu une idée de génie. Il s'est demandé si, parmi les objets qui sont à la surface de la terre, il n'en était pas un qui pût ne pas obéir au mouvement de rotation de la terre, laisser tourner la terre sans modifier sa position propre, et accuser ainsi par le déplacement des objets terrestres autour de lui le mouvement de cette terre. Il a trouvé pour réaliser cette heureuse idée, un pendule en mouvement et librement suspendu. On le prend de la plus grande longueur possible, afin de mieux accuser le mouvement, et on lui donne une lentille sphérique pour que l'agitation de l'air ait moins de prise sur lui et qu'il ne soit pas porté à prendre une direction plutôt qu'une autre.

Léon Foucault avait d'abord dû se dire que, si son pendule était suspendu au plafond d'une chambre située précisément au pôle et qu'on le fît osciller d'un coin de la chambre au coin opposé, la chambre, faisant un tour avec la terre en vingt-quatre heures, ne pourrait tordre que d'un tour le fil du pendule suspendu au plafond, ce qui serait insuffisant pour modifier la direction du pendule. On peut, en effet, prendre un pendule avec un fil sans torsion, le faire osciller, puis tordre le fil entre ses doigts à sa partie supérieure; ce n'est ni un, ni deux, ni cinq ou six tours imprimés au fil qui feront

changer de direction le pendule en mouvement, il faudrait que la
torsion se communiquât à la partie inférieure pour qu'elle produisît
quelque effet. Encore cet effet serait tout d'abord la rotation de la
boule du pendule. Il vit par conséquent que, dans la chambre qui
serait au pôle, le pendule continuerait à osciller, si l'on pouvait voir
les étoiles à travers la paroi de la chambre, de l'étoile qui serait en
face du premier coin de la chambre au moment du départ du pendule à l'étoile qui serait dans la direction du coin opposé, et qu'en
vingt-quatre heures la chambre tournerait autour du pendule en
mouvement qui irait, s'il pouvait osciller pendant vingt-quatre
heures sans s'arrêter, se dirigeant successivement vers toutes les
parties de la paroi de la chambre, c'est-à-dire que toutes les parties de la paroi de la chambre viendraient successivement se placer
devant la direction du pendule.

On peut mettre en évidence ce fait d'une façon très-simple.
On cloue sur une table une planchette A A, figure 53, sans l'assu-

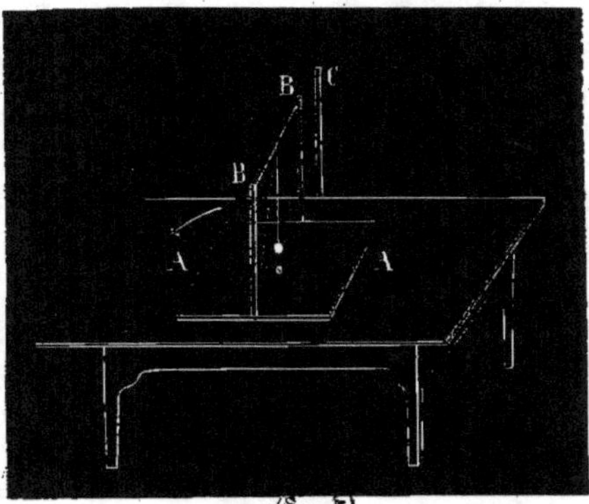

Figure 53

jettir complétement, c'est-à-dire de façon que la planchette puisse
tourner autour du clou. On établit sur cette planchette une potence BB,
au milieu de la potence un pendule, et on cloue au bord de la table
un jalon C. On met d'abord les deux bras de la potence dans la
direction du jalon, et l'on fait osciller le pendule dans la direction
des bras de la potence. La planchette et la potence représentent la
chambre établie au pôle de la terre, le pôle est figuré par le clou,
et le jalon C marque la direction de l'étoile qui serait derrière l'un
des coins de la chambre; les deux montants de la potence figurent
les deux coins de la chambre. Si l'on fait tourner ensuite, pendant
que le pendule oscille, la planchette sur la table, autour du clou,

dans le sens de la flèche par exemple, on verra les bras de la potence quitter la direction du pendule, figure 54, qui ne cessera

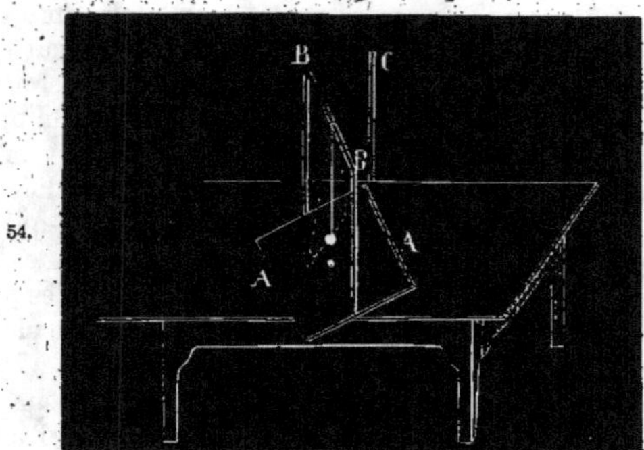

Figure 54.

pas de diriger son mouvement vers le jalon C, tant qu'il oscillera, quoique pendant ce temps la planchette fasse un ou plusieurs tours.

Léon Foucault comprit ensuite que, si l'on opérait à l'équateur, la chambre, le pendule et son point de suspension seraient emportés par le mouvement de la terre sans que la chambre fît le moindre mouvement autour du pendule, et que, par conséquent, l'effet de son système serait nul à l'équateur. Un effet, nul à l'équateur, marqué par un tour entier au pôle, devait s'accuser de plus en plus en allant de l'équateur au pôle. Il fit l'expérience sous la coupole du Panthéon, à Paris, en 1851, avec un fil de plus de 50 mètres de longueur et une boule de cuivre. Sur le passage de la boule, on avait élevé de petits monticules de sable humide, et une pointe, placée sous la boule, venait abattre ces monticules, indiquant ainsi de combien le sol du Panthéon se déplaçait, en tournant avec la terre, sous la direction fixe du mouvement du pendule.

36. — DERNIÈRE OBJECTION ET RÉPONSE.

Si la terre tournait, disent certaines personnes, nous la sentirions bien tourner. Rien n'est plus faux, et toutes les fois que l'on fait partie d'un système en mouvement, si ce mouvement n'est pas accompagné de chocs, de secousses, rien ne vient nous faire voir que nous nous déplaçons. Dans le salon d'un bateau à vapeur, sur une rivière tranquille, sur un lac ou même sur la mer, si le temps est calme, en causant avec ses voisins ou en mangeant, en travaillant, en jouant, on ne se doute pas le moins du monde que l'on marche. Si l'on jette les yeux par la fenêtre et qu'on aperçoive des arbres sur la rive, on se doute si peu que l'on marche, que la première impression qui vient à l'esprit, du moins pour les personnes qui n'ont pas une grande habitude de voyager, c'est que ce sont ces arbres qui sont en mouvement. Si la mer est houleuse, si, dans une mauvaise voiture, dans un chemin de fer, des secousses, des chocs, viennent nous avertir que nous sommes en mouvement, ils ne nous apprendront rien sur le sens de ce mouvement, ils ne nous diront pas dans quelle direction nous marchons, nous sentirons que nous sommes secoués, voilà tout. La réflexion nous fera dire que nous marchons, parce que nous nous rappellerons que nous sommes sur une machine qui doit marcher, mais, si la nuit est bien noire, rien ne nous fera connaître vers quel point de l'espace nous nous dirigeons. Il arrive à tout le monde de s'endormir en voyage. Quand on s'éveille pendant la nuit ou pendant le jour sans ouvrir les yeux, il faut que la mémoire vienne nous rappeler la manière dont nous sommes assis, par rapport à l'avant du bateau, à la locomotive, ou aux chevaux qui traînent la voiture, pour que nous ayons le sentiment de la direction du mouvement qui nous emporte. Bandez les yeux à un ami placé avec vous dans un compartiment de chemin de fer, faites-lui faire quelques tours sur lui-même pour qu'il oublie comment il est tourné par rapport à la locomotive, puis demandez-lui de montrer avec le doigt de quel côté l'on marche. S'il est de bonne foi, s'il ne sent pas les banquettes, s'il ne s'est pas rendu compte du nombre de tours qu'il a faits sur lui-même et s'il cherche seulement à deviner d'après les chocs le sens du mouvement, il vous montrera la portière ou un coin du wagon plutôt que la locomotive.

Cependant, de même qu'en mettant la main à la portière d'un wagon qui marche vite on sent toujours la main frappée par l'air que l'on fend avec rapidité, comme si le vent venait toujours de l'avant du train, ce qui peut faire voir le sens de la marche, de même aussi, à l'équateur, la direction constante de certains courants d'air, nommés vents alizés, ne peut s'expliquer que par le fait de la rotation de la terre. Vers l'équateur, en effet, la terre tourne trop rapidement pour que l'air, qui n'est pas attaché à la surface de la terre par la pesanteur d'une manière aussi complète que les corps solides ou liquides, suive d'une manière absolue le mouvement de cette terre, et la permanence de certains vents qui, dans ces régions, ont la direction de l'est à l'ouest est une preuve sensible de la rotation de la terre en sens contraire, de l'ouest à l'est.

37. — CONSÉQUENCE DE CE MOUVEMENT DE LA TERRE, JOUR ET NUIT.

Nous avons dit que cette rotation de la terre s'exécutait complétement dans l'espace de vingt-quatre heures, c'est-à-dire d'un jour et d'une nuit réunis. Nous ne pouvons pas quitter ce sujet sans expliquer que c'est précisément ce mouvement qui produit la succession des nuits et des jours. Considérons en effet cette boule, figure 55, qui nous représente la terre. Placés dans cet amphi-

Figure 55.

théâtre, nous prendrons pour la lumière du soleil celle qui nous vient de la partie vitrée du dôme qui nous recouvre. Lorsqu'un point de la terre comme Paris sera placé, par suite de la rotation de la terre dans le sens de la flèche, sur la direction même des rayons lumineux, entre le centre de la terre et la source de lumière,

c'est-à-dire entre le centre de la boule et le soleil représenté par
la partie vitrée, ce sera le milieu du jour ou midi pour Paris.

Supposons que la boule ait fait un quart de tour environ dans
le sens de la flèche, Paris sera arrivé, porté par le mouvement de
la terre, figure 56, à la limite que peuvent atteindre les rayons de

Figure 56.

lumière qui viennent éclairer la moitié de la boule, il entrera dans
l'ombre, dans la nuit, ce sera le soir. On dit : le soleil se couche à
Paris, c'est une bien mauvaise manière de parler, le soleil est immobile, il ne se lève ni ne se couche, il se couche encore bien moins
à Paris; la véritable expression conforme à la réalité est : Paris
entre dans la nuit. Il est vrai que cet instant de la journée porte
un autre nom, c'est le commencement du crépuscule; mais le crépuscule est bien le commencement de la nuit.

Un quart de tour encore, figure 57, et Paris sera arrivé à l'op-

posé du soleil, séparé de la lumière du jour par toute l'épaisseur de
la terre. Cette terre tournant régulièrement, d'un mouvement uni-
forme, Paris aura parcouru la moitié de la portion de surface de la
terre qui ne reçoit pas la lumière du soleil, ce sera le milieu de la
nuit, minuit pour Paris.

Figure 57.

Nous dirions que la terre tourne d'un quart de tour juste dans
les intervalles qui séparent midi du commencement de la nuit, et
le commencement de la nuit de minuit, si notre boule était inclinée
de façon que la lumière l'éclairât de l'un des deux points autour
desquels elle tourne à l'autre point. Notre boule, placée comme la
figure 57 la montre, répond à la position de la terre par rapport au
soleil en été; alors il s'écoule douze heures de la position de midi,
figure 55, à la position de minuit, figure 57, mais il s'écoule plus
de six heures, la boule fait plus d'un quart de tour entre midi et
le commencement de la nuit, et elle fait moins d'un quart de tour,

il s'écoule moins de six heures entre le commencement de la nuit
et minuit.

Après un nouveau quart de tour, six heures après environ,
puisque le tour complet a lieu en vingt-quatre heures, figure 58,
Paris aura atteint la limite de l'ombre à la surface de la terre, il

Figure 58.

entrera dans le jour, ce sera le matin. L'expression usitée pour
désigner ce moment : le soleil se lève à Paris, est donc aussi peu
exacte que celle qu'on emploie pour désigner le soir. Paris entre
dans la lumière du soleil, le jour commence à Paris, seraient des
expressions plus justes. Il est vrai qu'en disant : le jour commence,
on veut dire qu'il n'est pas encore arrivé ; de même en disant : la
nuit commence, on veut dire que la lumière diminue graduellement. Nous aurons plus tard occasion de décrire ces phénomènes,
qu'on ferait mieux aussi de nommer d'une manière plus précise en
les désignant par leurs noms de crépuscule et d'aurore.

Puis la terre continue à tourner et ramène Paris à sa première position, sous les rayons directs du soleil, alors il est midi du jour suivant, et ainsi d'avant et ainsi de suite, depuis quelques millions d'années avant la naissance sur la terre de la race humaine actuelle, jusqu'à quelques millions d'années après qu'elle en aura disparu.

38. — LA TERRE TOURNE AUTOUR DU SOLEIL.

Nous allons maintenant nous occuper d'un autre mouvement de la terre, de celui qu'elle fait autour du soleil et qui dure un an. Ici, nous allons être plus à l'aise, parce que les raisons que nous allons en donner ont un caractère d'évidence tout particulier et que l'on est, pour ainsi dire, plus certain du mouvement de la terre autour du soleil que de sa rotation sur elle-même, qui est cependant établie, au moyen du pendule de Léon Foucault, surtout, d'une manière bien solide.

39. — PREUVE PAR L'ASPECT DU CIEL.

Pour peu que l'on regarde le ciel avec attention de temps en temps, on ne tarde pas à s'apercevoir que le soir, à la même heure,

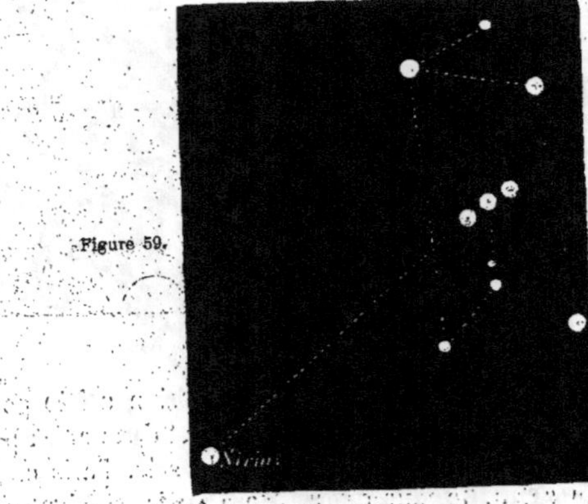

Figure 59.

on ne voit pas la même partie du ciel à tous les moments de l'année, et que chaque saison est pour ainsi dire caractérisée par une apparence différente dans la disposition des étoiles qui se voient à une certaine heure, à dix heures du soir par exemple. Ainsi nous pourrons indiquer, comme accompagnant l'hiver à notre époque, la belle constellation d'Orion et la brilante étoile Sirius, figure 59,

c'est-à-dire que ces astres occupent le milieu du ciel, à une certaine hauteur au-dessus de l'horizon, du côté du midi, à dix heures
du soir, vers le 20 janvier. Le printemps est caractérisé par la présence au milieu du ciel, à une hauteur un peu plus grande qu'Orion,

Fig. 60.

de la belle constellation du Lion, figure 60; cette constellation se
trouve à la même place que les étoiles de la figure 59, un peu plus
haut seulement dans le ciel, vers le 1er avril, à dix heures du soir.

Figure 61.

Pour marquer l'été, nous avons les étoiles du Scorpion, à l'horizon
sud, à dix heures du soir, vers le 1er juillet, figure 61; et pour l'au-

tomne, nous avons, au-dessus de nos têtes, les constellations de
Pégase et d'Andromède, figure 62, vers le 25 octobre, toujours à dix
heures du soir.

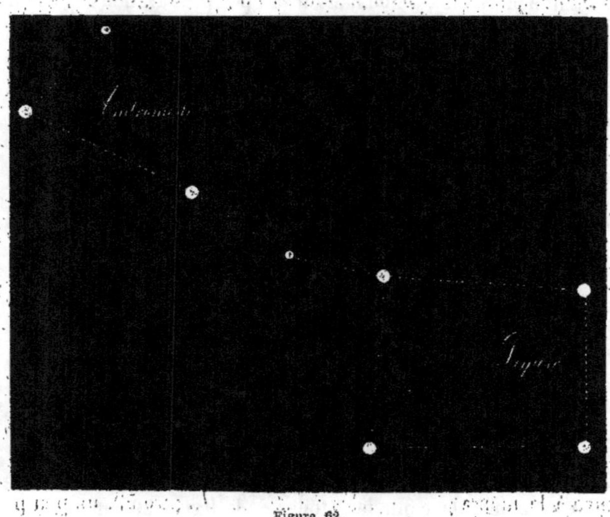

Figure 62.

C'est du reste bien naturel. Prenons une bougie, figure 63,
pour représenter le soleil sur notre table, dans cet amphithéâtre,
et que notre boule, placée dans la position 1, nous représente la
terre en hiver. En nous rappelant qu'il est minuit pour un lieu de
la terre comme Paris, lorsque ce pays se trouve à l'opposé de la
bougie ou du soleil, nous reconnaîtrons sans peine qu'à minuit, en
hiver, Paris verra les étoiles du ciel qui sont dans la direction de
A, au-dessus de la tête de l'observateur. Au printemps, dans la
position 2, minuit arrivera lorsque Paris se trouvera dans la direction de B, et il verra les étoiles qui sont dans cette direction B à la
même distance en degrés des étoiles qui sont dans la direction A
que la terre aura fait de degrés sur sa route autour du soleil de
l'hiver au printemps. Quand la terre sera arrivée à la position 3,
qui est sa position d'été, opposée à la position d'hiver (position 1),
par rapport au soleil, Paris, à minuit, verra les étoiles du ciel qui
sont dans la direction C, opposée à la direction A, et ce sera pendant le jour, à midi, que Paris aura devant lui, dans le ciel, les
étoiles qu'il voyait à minuit en hiver. La terre arrivée à sa posi-

tion 4, position d'automne, Paris verra, à minuit, les étoiles qui
sont dans la direction D, dans la partie du ciel opposée à celle qu'il

Figure 63.

voyait à minuit au printemps, et quand Paris aura fait avec la terre
un demi-tour, quand il sera en face de la bougie, quand il y sera
midi, il aura en face de lui la partie du ciel qui était en face de lui
à minuit au moment du printemps. La terre, faisant encore le quart
de son tour autour du soleil, reviendra l'hiver suivant à sa position 1, Paris reverra à minuit, au milieu du ciel, les étoiles qu'il y
avait vues un an auparavant, ce qui indiquera que la terre a fini sa
révolution autour du soleil.

40. — SENS DU MOUVEMENT DE LA TERRE AUTOUR DU SOLEIL.

La terre tourne autour du soleil dans le même sens que celui
de son mouvement sur elle-même, c'est-à-dire qu'elle se trouve

d'abord, figure 64, au printemps, entre le soleil et la constellation de la Vierge, de façon à voir, si c'était possible, le soleil vis-à-vis des étoiles de la constellation des Poissons, et par conséquent de façon à voir, à minuit, de tous les points de sa surface successive-

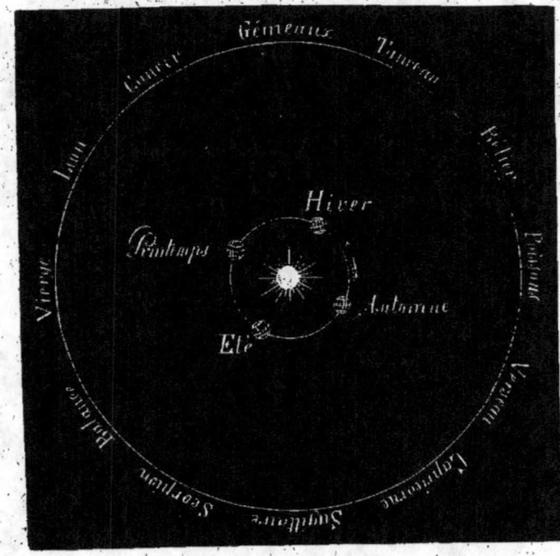

Fig. 64

ment, la constellation de la Vierge au milieu du ciel. De là la terre se transporte entre le soleil et la constellation de la Balance, puis devant celle du Scorpion devant laquelle elle se trouve en été. Elle passe ensuite devant le Sagittaire, le Capricorne, le Verseau, et se trouve entre le soleil et les Poissons en automne; elle franchit ensuite le Bélier et le Taureau pour se trouver devant les Gémeaux en hiver, etc. De façon que la terre tourne autour du soleil dans le sens : Bélier, Taureau, Gémeaux, etc., comme nous avons déjà dit qu'elle tournait sur elle-même dans ce sens. La figure 64 indique par une flèche le sens du mouvement et donne la position appro-chée de la terre aux quatre saisons; le graveur a mis la position de la terre au printemps trop près de la direction du soleil au Lion; cette figure sera plus exacte en l'an 2000 que maintenant.

Pour fixer les idées, nous allons reprendre les constellations du zodiaque et marquer le point de chacune d'elles en face duquel se trouve la terre le 21 de chaque mois; nous choisirons pour cela le point de chacune de ces constellations que l'on voit successive-ment de tous les points de la terre, au milieu du ciel, à dix heures du soir, le 21 de chaque mois. Nous mettons un trait vertical,

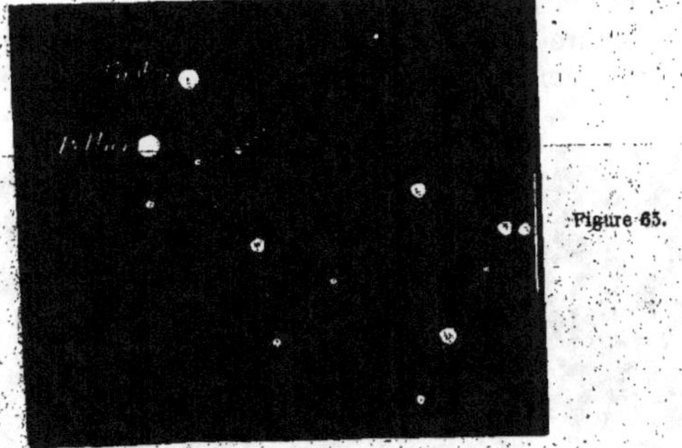

Figure 65.

figure 65, au commencement de la constellation des Gémeaux,

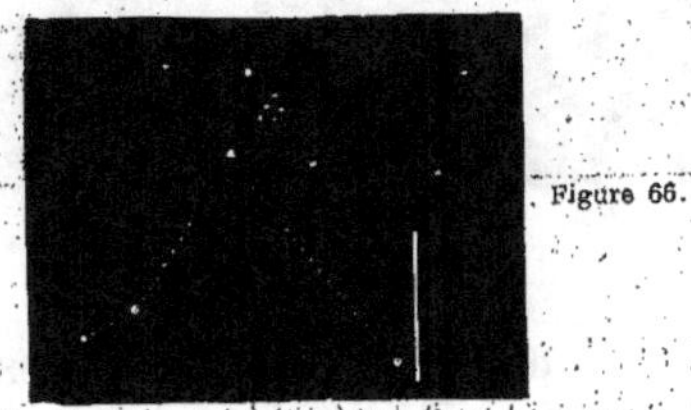

Figure 66.

à l'endroit qui est au milieu du ciel pour un point de la terre, à dix heures du soir, le 21 janvier.

Fig. 67.

Le trait de la figure 66 montre la partie du ciel que l'on voit au milieu de la voûte céleste le 21 février à dix heures du soir, c'est le commencement de la constellation du Cancer.

La figure 67 a le même but pour le 21 mars à dix heures du soir, c'est l'étoile *Régulus* de la constellation du Lion.

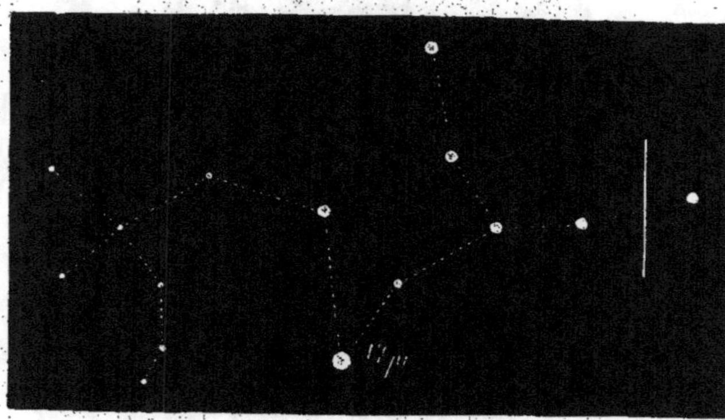

Figure 68.

Le 21 avril, à dix heures du soir, figure 68, c'est le commencement de la Vierge que l'on voit au milieu du ciel.

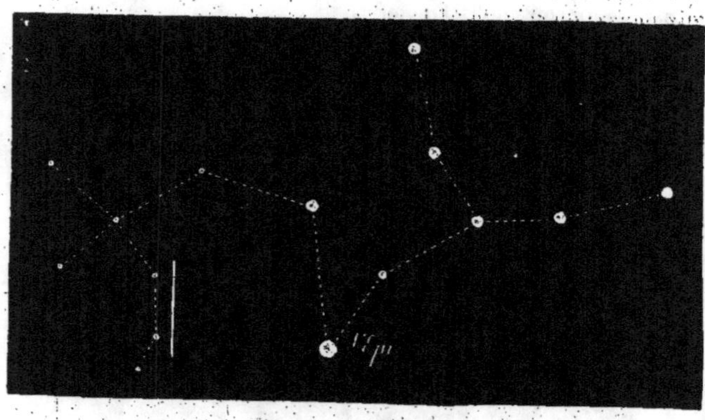

Figure 69.

Le 21 mai, à la même heure, figure 69, c'est la fin de la même constellation.

Le 21 juin, c'est la fin de la Balance et le commencement du Scorpion, figures 70 et 71.

Figure 70.

Le 21 juillet, le commencement du Sagittaire, figure 72.

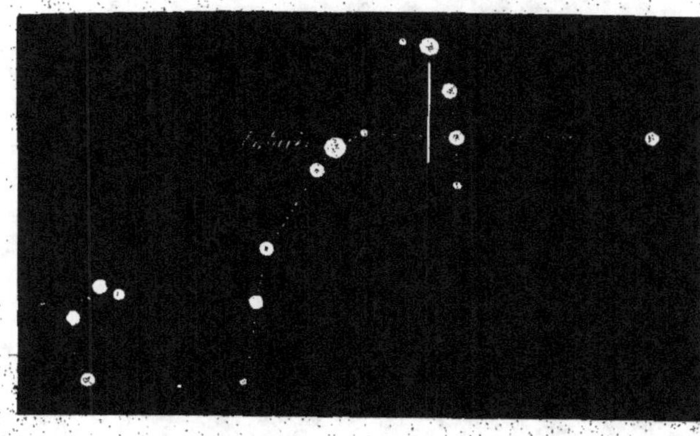

Figure 71.

Le 21 août, le commencement du Capricorne, figure 73.

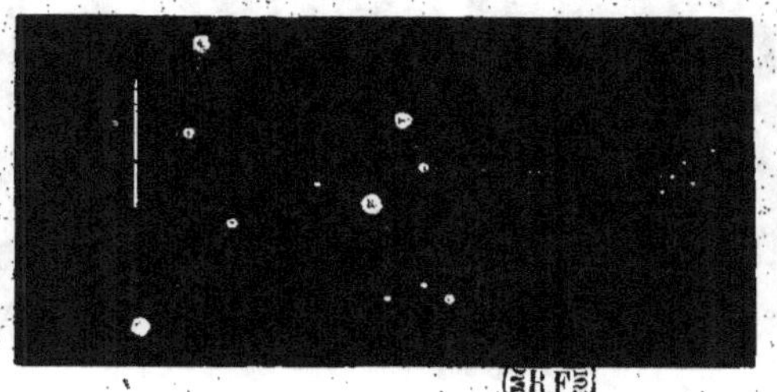

Figure 72.

Le 21 septembre, le milieu du Verseau, figure 74.

Le 21 octobre, les premières étoiles des Poissons, figure 75.

Figure 73.

Le 21 novembre, les dernières étoiles des Poissons et le com-

Fig. 74.

mencement du Bélier, figures 76 et 77.

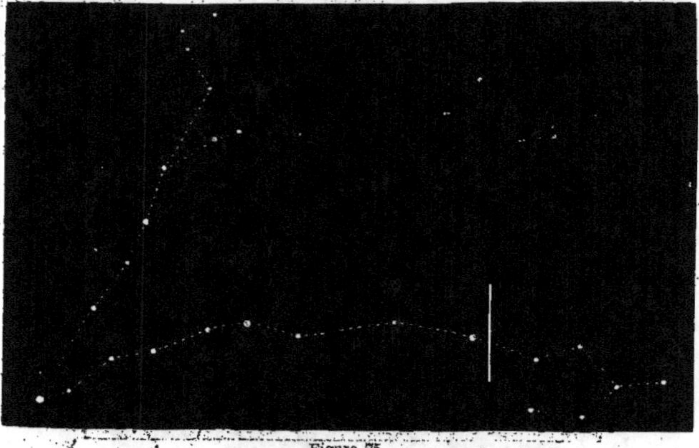

Figure 75.

Le 21 décembre, le tiers du Taureau, figure 78.

41. — PREUVE PAR ANALOGIE.

Nous avons déjà dit qu'il est, dans les espaces célestes, d'autres

Figure 76.

corps placés dans les mêmes conditions d'existence que la terre. Ces

Figure 77.

corps se nomment des planètes et la terre est elle-même une pla-

Fig. 78.

nète. Deux de ces corps sont plus près que nous du soleil, beau-

coup d'autres sont plus loin. Or on voit à la simple vue pour quelques-unes de ces planètes, avec des lunettes pour les autres, le
chemin qu'elles font à travers les étoiles. On les voit partir du voisinage d'une étoile, s'en éloigner de plus en plus, et revenir à cette
même étoile après avoir fait le tour entier du ciel et par conséquent le tour du soleil; c'est du moins là ce qui arrive pour les
planètes plus éloignées du soleil que nous. Pour celles qui en sont
plus rapprochées, on les voit osciller d'un côté, puis d'un autre côté
du soleil, s'en éloigner pour s'en rapprocher ensuite. Mais on reconnaît facilement qu'elles passent tantôt entre le soleil et nous, tantôt
de l'autre côté du soleil par rapport à nous; c'est-à-dire qu'elles en
font le tour. Il n'y a donc aucune raison de supposer que la terre,
planète comme les autres, suivant les mêmes lois, placée dans les
mêmes conditions que les autres, se conduise autrement qu'elles,
bien au contraire, et il y a lieu de conclure de ces considérations
qu'elle fait, comme elles toutes, le tour du soleil, à la distance où
elle en est située.

42. — PREUVE PAR LA RÉTROGRADATION DES PLANÈTES.

Nous avons déjà dit que toutes les planètes se voient dans le
ciel au milieu des étoiles du zodiaque; c'est que, comme la terre,
elles tournent autour du soleil, et dans des plans qui ne sont pas
bien différents les uns des autres. On les voit donc, depuis la terre,
marcher au milieu de ces étoiles, aller d'une constellation à une
autre, et on reconnaît facilement qu'elles vont toutes dans le sens
bien connu déjà pour nous et que nous indiquons en disant qu'elles
vont de la constellation du Bélier à celle du Taureau, puis à celle
des Gémeaux, etc. Les anciens ne connaissaient que 7 planètes, en
comptant le soleil et la lune pour des planètes; pour eux, la terre
n'était pas une planète, c'était le centre du monde, l'astre par
excellence, les autres n'étaient que des accessoires. Les télescopes
aidant, on a découvert bien d'autres planètes. Outre les 8 principales planètes, dont voici les noms dans l'ordre de leurs distances
au soleil en commençant par la moins éloignée : Mercure, Vénus,
Terre, Mars, Jupiter, Saturne, Uranus et Neptune; dans l'intervalle
compris entre Mars et Jupiter, on a découvert beaucoup de petites
planètes. On en avait découvert 125 trois semaines avant que nous
fissions cette leçon; au moment où nous parlions, on venait d'en
découvrir deux de plus, soit 127, et maintenant que nous l'écrivons, nous avons à en signaler une de plus : leur nombre est donc
actuellement de 128. Aucune de ces 128 petites planètes ne fait
exception à la loi commune; toutes, elles marchent de la constel-

lation du Bélier à celle du Taureau, puis à celle des Gémeaux. Soit dit en passant, ceci est bien une preuve que la terre n'a pas été faite toute seule, et que les planètes, grandes et petites, dont nous venons de parler, ont la même origine, ainsi que le soleil; tout cela a été fait en même temps, par une même loi et par une même disposition de la matière.

Or il est un phénomène particulier que nous allons décrire, et qui, pour nos yeux, contredit ce sens général de la marche des planètes. Considérons, par exemple, une planète arrivée dans la con-

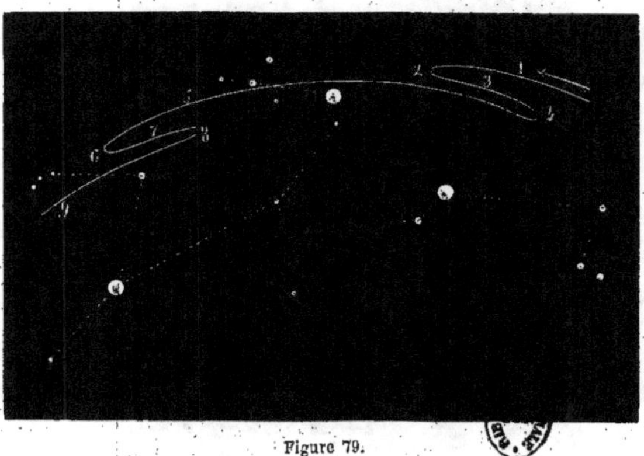

Figure 79.

stellation du Verseau, il peut arriver qu'elle suive le chemin indiqué par la ligne sinueuse que nous avons tracée sur la figure 79. Ainsi elle parcourra d'abord la partie numérotée 1 de cette ligne sinueuse, qui va vers la constellation des Poissons, c'est-à-dire dans le sens régulier de la marche des planètes; puis, arrivée à l'endroit où nous avons mis le chiffre 2, elle semblera s'arrêter quelque temps. Ce phénomène est désigné sous le nom de *station* de la planète. Ensuite elle semblera rebrousser chemin, comme l'indique la partie de la ligne sinueuse numérotée 3; cette partie de sa route constitue ce qu'on appelle la *rétrogradation* de la planète. Elle est toujours moins considérable que la partie numérotée 1, que la planète avait décrite dans le sens régulier de sa marche, ou, comme on dit, dans sa marche en *sens direct*. Vient ensuite une nouvelle station, indiquée par le chiffre 4, puis une marche en sens direct dans la partie que nous avons numérotée 5, plus longue que la marche en sens rétrograde, puis il peut arriver que dans la même constellation, ou que dans l'une des constellations suivantes, les mêmes phénomènes se reproduisent dans le même ordre, comme il est indiqué sur la figure par les parties de la ligne sinueuse numérotées 6, 7, 8 et 9. Nous allons expliquer que ces stations et rétrogradations ne sont qu'une apparence due uniquement à la révolution de la terre autour du soleil.

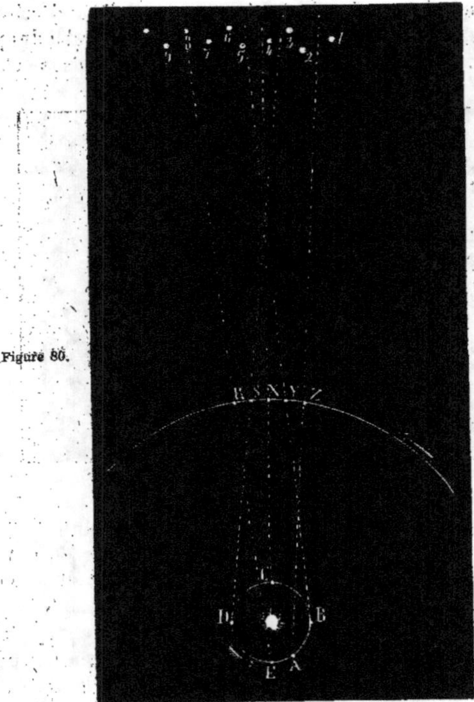

Figure 80.

Considérons, figure 80, la terre tournant autour du soleil dans le sens de la flèche sur son orbite A B C D E et arrivée en A. Supposons une planète, Jupiter par exemple, située cinq fois plus loin du soleil que la terre, marchant dans le même sens indiqué par une autre flèche sur sa route Z Y X S R. Nous apprendrons plus tard que cette planète met douze ans à faire sa révolution autour du soleil, c'est-à-dire que pendant que la terre va de A en B sur sa courbe en trois mois environ, se déplaçant d'à peu près 90 degrés, Jupiter ne se déplace sur la sienne que de Z en Y, du douzième de

90 degrés, ou d'environ 8 degrés. Figurons les étoiles placées sur la voûte céleste bien au delà de Jupiter, et, pour faciliter l'explication, désignons ces étoiles par les numéros 1, 2, 3, 4, 5, 6, 7, 8, 9. La terre étant en A et Jupiter en Z, ce dernier se verra, de la terre, dans la direction A Z, c'est-à-dire qu'il semblera occuper sur le firmament une position intermédiaire entre les étoiles 1 et 2, on le verra entre ces deux étoiles. Trois mois plus tard, la terre sera arrivée en B, Jupiter en Y, et cette planète se verra, de la terre, sur la direction B Y, c'est-à-dire près de l'étoile 5, après avoir marché graduellement de sa position précédente entre les étoiles 1 et 2, jusqu'à sa position actuelle, voisine de l'étoile 5; elle semblera donc bien avoir décrit dans le ciel la portion marquée 1 ou 5 de la figure 79. Trois mois environ plus tard, la terre, arrivée en C, verra Jupiter en X, dans la direction C X, c'est-à-dire près de l'étoile 4. Comme ces changements de position se sont faits successivement, il est clair que l'on a dû voir Jupiter d'abord stationnaire, comme dans les positions marquées 2 et 6 de la figure 79, puis rétrogradant comme dans les portions 3 et 7 de la ligne sinueuse de la même figure. Après un nouvel intervalle d'environ trois mois, la terre, en D, verra Jupiter en S, dans la direction D S, se placer dans le ciel près de l'étoile 3, c'est-à-dire ayant continué à décrire la portion 3 ou 7 de la courbe de la figure 79. Enfin, après un temps encore à peu près le même, la terre, parvenue en E et Jupiter en R, nous verrons cette planète dans la direction D R, se plaçant dans le ciel au contact de l'étoile 8. Jupiter sera donc passé graduellement par les points de station 4 ou 8, et aura repris sa marche en sens direct, suivant les portions 5 ou 9 de la ligne sinueuse de la figure 79. Il est bien clair que toutes ces apparences tiennent au déplacement de la terre autour du soleil, et que si cette terre était restée immobile en A, pendant que Jupiter occupait les positions successives Z, Y, X, S, R, on aurait vu, de la terre, Jupiter se déplacer dans le ciel en passant successivement devant les étoiles 1, 2, 3, 4, 5, 6, 7, 8, 9, sans aucune sinuosité de marche, sans aucune station ni rétrogradation. C'est donc là une preuve palpable, pour ainsi dire, de la révolution de la terre autour du soleil.

43. — PREUVE PAR LES RÉSULTATS DU CALCUL.

Sachant avec quelle vitesse la terre et les autres planètes tournent autour du soleil, on peut calculer, pour une époque quelconque, par exemple pour le 1er janvier 1900, auprès de quelle étoile on verra une planète, par exemple Jupiter, à dix heures du soir de ce

1ᵉʳ janvier. Pour faire ce calcul, on tient naturellement compte du mouvement de la terre et de la place qu'elle occupe ce même jour. Si la terre ne se déplaçait pas, il est évident que le calcul serait faux et donnerait pour Jupiter une position dans le ciel qu'il n'occuperait pas le 1ᵉʳ janvier 1900. L'observation directe de Jupiter ce jour-là viendrait donc démentir les résultats du calcul et faire voir qu'on s'est appuyé sur une base fausse [pour les faire. Rien de pareil ne se présente, le calcul des positions de Jupiter, jour par jour, est fait pour trois, quatre, cinq années à l'avance; ces positions sont imprimées dans des livres que les astronomes consultent à chaque instant, que les marins emportent pour se guider et pour se retrouver dans leurs voyages, et à la minute, à la seconde près, les observations viennent confirmer les résultats du calcul. En sorte qu'à chaque instant de la journée, il y a quelque part sur la mer lointaine, dans des parages qui ont la nuit pendant que nous avons le jour, des marins qui constatent, sans y penser, que la terre se déplace en tournant autour du soleil, comme on l'a admis pour faire les calculs qu'ils vérifient par leurs observations.

44. — AXE DE LA TERRE.

On appelle AXE *de la terre* la ligne imaginaire autour de laquelle la terre exécute son mouvement de rotation en vingt-quatre heures, c'est-à-dire la ligne qui passe par les points de la terre qui tournent sur eux-mêmes sans faire de chemin, tandis que les autres points de la terre font en vingt-quatre heures d'autant plus de chemin qu'ils sont plus éloignés de cet axe. Les anciens, pour lesquels la terre était le centre de l'univers, l'astre principal, sont cause que, dans les commencements, au lieu de dire l'axe de la terre, on disait : l'axe de l'univers, l'axe du monde, parce que, pendant que la terre tourne autour de cet axe dans le sens : Bélier, Taureau, Gémeaux, etc., le reste de l'univers semble tourner autour du même axe en sens contraire.

45. — PÔLES.

L'axe de la terre prolongé dans le ciel donne sur la voûte céleste deux directions, deux points qui semblent immobiles dans le ciel, et que l'on nomme PÔLES CÉLESTES. L'un de ces deux pôles est du même côté que nous, à Paris, dans le ciel. L'autre est à l'opposé, de l'autre côté de la terre, toujours caché à nos regards par cette terre, nous ne le voyons jamais depuis Paris. Le pôle qui est de notre côté prend le nom de pôle céleste nord, ou pôle arctique, ou pôle septentrional, ou pôle boréal.

Le nom de pôle arctique vient de ce que αρχτος, *arctos*, en grec ancien, signifie ourse, et que ce pôle est dans le voisinage de la constellation que l'on nomme la Petite-Ourse, la constellation de la Grande-Ourse servant à le trouver, comme nous en avons déjà dit un mot page 14, figure 17. Nous donnons ici, figure 81, le

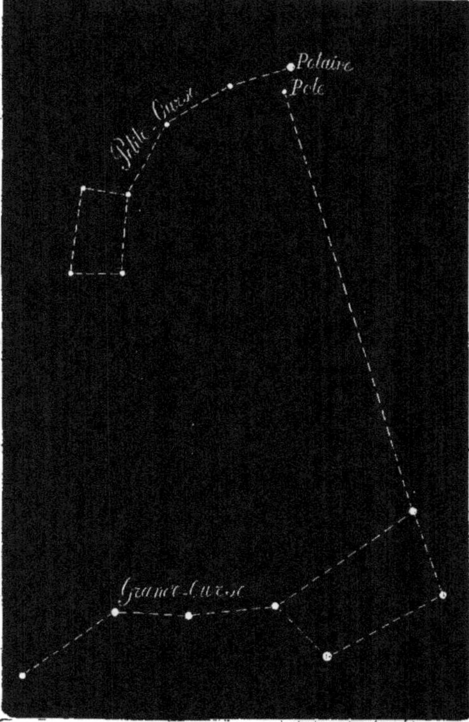

Figure 81.

dessin des deux constellations, avec la manière de retrouver l'étoile polaire en prolongeant en haut la ligne qui joint les deux dernières étoiles de la Grande-Ourse ou de la Casserole. Seulement, nous dirons cette fois une chose que nous n'avons pas dite alors, c'est que le pôle ne se confond pas avec l'étoile polaire. Il en est actuellement à 1 degré 24 minutes, comme le montre la figure 81. Cette distance équivaut à environ trois fois la largeur de la pleine lune. Il n'en restera pas toujours à cette distance. Il va se rapprocher encore pendant 200 ans de cette étoile polaire, de façon à n'en être plus qu'à un demi-degré, la largeur de la pleine lune, puis il s'en éloignera d'une quantité assez considérable, mais très-lentement, pour revenir à sa position actuelle dans 26,000 ans.

L'autre pôle, que nous ne voyons jamais depuis Paris, prend les noms de pôle céleste sud, ou pôle antarctique, ou pôle méridional, ou pôle austral. Il est aussi voisin d'une étoile d'une autre constellation qui se nomme l'*Octant*, et, par rapport à cette étoile, il aura les mouvements analogues à ceux que nous venons de décrire pour le pôle nord. Ces deux étoiles voisines des pôles, conservant toujours leur position dans le ciel malgré le mouvement de rotation de la terre, puisqu'elles sont sur l'axe du mouvement, qu'elles servent pour ainsi dire de pivot, sont d'une utilité extrême aux marins pour se diriger sur les mers.

Les points de la terre situés directement sous les pôles célestes, c'est-à-dire les points où l'axe de la terre perce sa surface, ont reçu les noms de pôles terrestres et se désignent par les mêmes qualificatifs, celui qui est sous les constellations des Ourses, par delà le nord de la Russie et la Laponie, par delà les glaces qui suivent, où l'on pense que se trouve une mer libre, s'appelle pôle terrestre nord, pôle arctique, etc. Celui qui est de l'autre côté de la terre, plus loin que le sud de l'Amérique méridionale, que le cap Horn, dans des parages bien moins connus encore que le pôle nord, et où l'on pense qu'il doit se trouver une terre ferme envahie aussi par les glaces, prend les noms correspondants de pôle terrestre sud, pôle antarctique, etc.

46. — MÉRIDIENS, ARCS DE LONGITUDE.

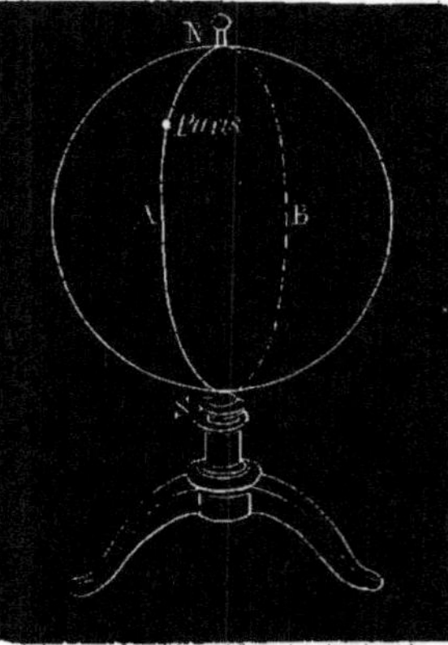

Figure 82.

Considérons cette boule qui nous représente la terre, figure 82, prenons pour le pôle sud le pivot qui la retient sur son pied, où nous mettons la lettre S; pour le pôle nord, le bouton qui est à la partie supérieure, où nous mettons la lettre N. Il est bien facile de tracer sur cette boule une demi-circonférence allant d'un pôle à l'autre, comme N A S. Cette demi-circonférence est un ARC DE LONGITUDE; si elle passe par Paris, on dit que c'est l'arc de longitude de Paris, et ordinairement que c'est le cercle de longitude et même le degré de longitude sur lequel est Paris, en abandonnant le langage régulier. Le plan, la direction de cet arc N A S, complété par sa contre-partie S B N, tracée sur la partie opposée de la boule, constitue le MÉRIDIEN de Paris. La direction de ce méridien, continuée jusqu'au ciel, c'est-à-dire ce méridien prolongé, étendu jusqu'au delà des étoiles, prend le nom de méridien céleste au lieu de méridien terrestre.

Comme nous avons déjà dit que la circonférence d'une boule se partage en 360 degrés, on peut tracer, d'un pôle à l'autre, sur la surface d'une boule, figure 83, et imaginer tracées sur la surface de la terre, 360 demi-circonférences, également écartées entre elles, de telle sorte que l'intervalle entre deux demi-circonférences consécutives soit d'un degré de longitude. Sur la figure 83, nous n'en avons mis que dix-huit d'un côté de la boule, de façon que l'intervalle entre deux demi-cercles consécutifs est de 10 degrés de longitude.

Figure 83.

Entre deux demi-circonférences, distantes de 1 degré, on peut imaginer 59 demi-circonférences également inclinées entre elles et l'écartement de deux demi-circonférences consécutives ainsi tracées sera une minute de longitude.

Cinquante-neuf demi-circonférences, également distantes les unes des autres, partageront en soixante parties égales l'intervalle entre deux demi-circonférences éloignées d'une minute, et donneront, par l'écartement de deux consécutives d'entre elles, une seconde de longitude.

On va encore plus loin dans l'appréciation des longitudes, et on détermine souvent les dixièmes et les centièmes de seconde.

47. — ÉQUATEUR.

On appelle ainsi une ligne qui passe à égale distance de chaque pôle sur la terre, et qui coupe par conséquent chacune des demi-circonférences de longitude en deux parties égales. Cette ligne est tracée, figure 84, en A B C sur la partie antérieure de la boule et

Figure 84.

en C D A sur la partie postérieure. Le plan, la direction de cette ligne, étendue jusqu'aux espaces célestes, prend le nom d'équateur céleste; il passe, à notre époque, dans les constellations du Zodiaque, Vierge et Poissons; les constellations Bélier, Taureau, Gémeaux, Cancer, Lion, sont au nord; et les constellations Balance, Scorpion, Sagittaire, Capricorne et Verseau sont au sud de l'équateur. Sur la terre, l'équateur coupe l'Afrique en deux parties, du nord du Zanguebar au sud de l'île Saint-Thomas, traverse l'Atlantique pour atteindre l'Amérique méridionale, à l'embouchure du fleuve des Amazones et la quitter dans le voisinage de la ville de Quito pour franchir le Grand-Océan aux îles Galapages, puis les îles qui sont au sud de l'Asie.

48. — LONGITUDE.

Nous dirons qu'on appelle longitude d'un point de la terre, le nombre de degrés, minutes et secondes, comptés sur l'équateur, depuis un méridien choisi à l'avance pour origine, jusqu'au méridien qui passe par ce point. Ainsi lorsqu'on dit que Rome est à

10 degrés de longitude orientale de Paris, figure 85, cela veut
dire que sur l'équateur on peut compter 10 degrés vers l'est, depuis
le méridien de Paris jusqu'à celui
de Rome; dire que l'extrémité Est
du village de Payta, dans le Pérou, est à 83 degrés 25 minutes
43 secondes 2 dixièmes de longitude occidentale; en abrégé, la
longitude de Payta est de 83°, 25′,
43″, 2 O. (° signifie degrés, ′ veut
dire minutes de degré, ″ est mis
pour seconde de degré et O. pour
ouest ou occidentale), revient à
dire qu'on devrait compter, sur
l'équateur, à partir du méridien
de Paris, en allant vers l'ouest,
83° 25′ 43″, 2, pour arriver au méridien qui passe par Payta. Les longitudes se comptent ainsi; de part
et d'autre du méridien qui sert de

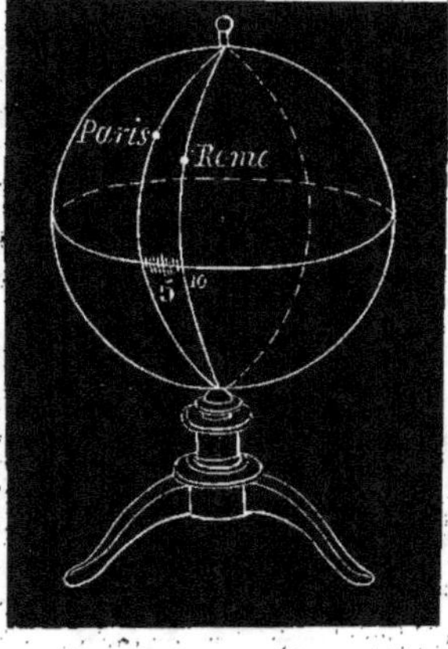

Figure 85.

point de départ, d'origine, 180 degrés de longitude orientale et
180 degrés de longitude occidentale, les 180ᵐᵉˢ degrés de longitude orientale et occidentale se confondant avec la partie opposée
du méridien qui sert de point de départ. Ainsi, pour déterminer la
longitude d'un pays, il faut trouver combien il y a de degrés, de
minutes et de secondes entre le méridien de ce pays et le méridien
qui sert d'origine aux longitudes.

49. — VALEUR DU DEGRÉ DE LONGITUDE.

Il est clair que la distance en mètres qui correspond à un
degré de longitude n'est pas la même partout, qu'elle a sa plus
grande valeur à l'équateur et qu'elle diminue jusqu'à devenir nulle
au pôle. Le rayon de l'équateur étant de 6 377 400 mètres, la circonférence de la terre à l'équateur s'obtiendra en multipliant le
double du rayon ou 12 754 800 mètres par le nombre décimal
3,14159265358979....., ce qui donnera, en s'arrêtant aux centaines
de mètres, 40 70 400 mètres. Ce dernier nombre, divisé par 360,
nous fournira, pour la longueur d'un degré de longitude à l'équateur, 111 307 mètres. La longueur d'une minute sera 60 fois
moindre que celle d'un degré ou 1 855 mètres 6 décimètres et celle
d'une seconde 60 fois plus petite encore que celle d'une minute ou
30 mètres 93 centimètres.

A 10 degrés nord de l'équateur, c'est-à-dire pour le côté de la terre que nous habitons, au nord de l'île Ceylan, pointe sud de Siam en Asie, pointe nord d'Adel en Afrique, Panama, pointe sud de l'île de la Trinité en Amérique, les longueurs de ces arcs ne sont plus que les 985 millièmes environ des mêmes valeurs, c'est-à-dire qu'un degré de longitude y mesure 109 616 mètres ; une minute, 1 826 mètres 9 décimètres, et une seconde 30 mètres 45 centimètres.

A 20 degrés de l'équateur, à l'île Hay-Nan de Chine, Mahore de l'Indoustan, Harmin d'Arabie, Dongola de Nubie, Bournou de Nigritie, Santiago de Cuba, Campêche, Mexico, environ les 940 millièmes de la longueur à l'équateur ; soit pour un degré 104 655 mètres ; pour une minute, 1 744 mètres 3 décimètres ; pour une seconde, 29 mètres 07 centimètres.

A 30 degrés de l'équateur, à Hang-Tscheou de Chine, Lassa du Thibet, au Caire, à la Nouvelle-Orléans, les 866 millièmes de ce qu'ils valent à l'équateur, ou 96 392 mètres pour un degré, 1 606 mètres 5 décimètres pour une minute, 26 mètres 77 centimètres pour une seconde.

A 40 degrés de l'équateur, à Pékin, Angora, Salonique, Tarente, Tolède, Philadelphie, les degrés de longitude ne sont plus que les 766 millièmes de ce qu'ils sont à l'équateur, c'est-à-dire qu'un degré y vaut 85 266 mètres ; une minute, 1 421 mètres 1 décimètre ; une seconde, 23 mètres 69 centimètres.

A 50 degrés de l'équateur, à Cracovie, Prague, Abbeville, les 643 millièmes de leur valeur à l'équateur, ou 71 546 mètres pour un degré, 1 192 mètres 4 décimètres pour une minute, 19 mètres 87 centimètres pour une seconde.

A 60 degrés de l'équateur, les mesures de longitude sont réduites à la moitié environ de la valeur qu'elles ont à l'équateur ; ainsi à Saint-Pétersbourg, à Christiania, un degré de longitude vaut 54 808 mètres, une minute 913 mètres 5 décimètres, et une seconde 15 mètres 23 centimètres.

A 70 degrés, au nord de la Norvége, nous n'avons plus que 38 069 mètres pour un degré, 634 mètres 5 décimètres pour une minute, et 10 mètres 54 centimètres pour une seconde, les 342 millièmes de ce que sont les mêmes longueurs à l'équateur.

Et à 80 degrés, au nord du Spitzberg, le degré de longitude se réduit à 19 328 mètres, la minute à 388 mètres 8 décimètres, la seconde à 6 mètres 48 centimètres, les 174 millièmes de leur longueur à l'équateur.

En sorte qu'à Paris, à un peu moins de 50 degrés de l'équateur, nous avons 73 038 mètres pour un degré de longitude,

1 212 mètres pour une minute, 20 mètres pour une seconde. Ainsi il y a environ deux minutes de longitude entre la place de la Bastille et l'ancienne barrière du Trône, et, comme nous le verrons plus tard, quand il est midi au mur d'enceinte des fortifications à Saint-Mandé, il n'est environ que 11 heures 59 minutes et 20 secondes à Auteuil, au mur d'enceinte aussi. La longitude de l'Observatoire de Paris, côté Est, diffère de plus d'une seconde de la longitude du côté ouest.

50. — THÉORIE DE LA MESURE DES LONGITUDES.

En nous reportant à notre explication du jour et de la nuit à la surface de la terre, nous nous rappellerons que nous avons dit qu'il est midi pour un point de la terre quand ce point se trouve directement en face du soleil. Par suite du mouvement régulier de rotation de la terre sur elle-même, les différents points du globe arrivent en face du soleil les uns après les autres, pour avoir midi chacun à leur tour. Nous allons comprendre que mesurer la distance en longitude de deux pays, revient à trouver combien il s'écoule de temps entre les midis des deux pays.

Considérons, figure 86, un méridien N A S, celui qui passe par Paris, par exemple, et la contre-partie N B S de ce même méridien, ou celui qui passe par les antipodes de Paris. Il est midi pour Paris, si Paris se trouve directement en face du soleil, ainsi que tous les points qui se trouvent sur le méridien de Paris N A S ; tous les points qui se trouvent sur le méridien opposé S B N, les antipodes de Paris, par exemple, se trouvent à l'opposé du soleil; ils ont minuit, et ces derniers n'auront midi que douze heures plus tard, quand la terre aura fait une demi-rotation sur elle-même. En sorte que s'il est midi du 24 février à Paris, il est minuit du 2 au 3 24 février pour les antipodes de Paris.

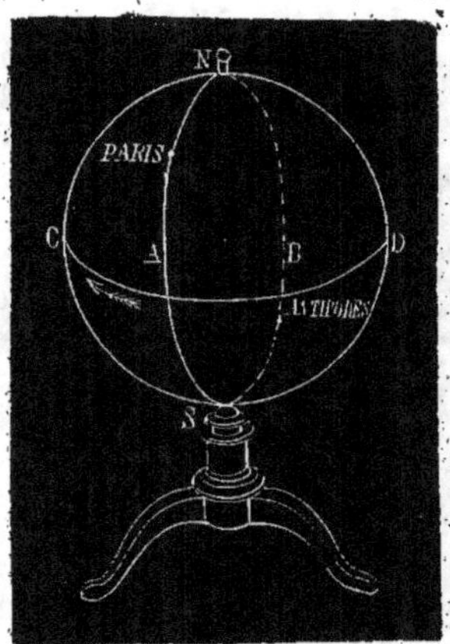

Figure 86.

Si la terre, tournant devant le soleil dans le sens de la flèche qui est sur la figure 86, les pays qui sont dans la direction A C sont à l'est ou au levant par rapport à Paris et ont midi avant lui, ils sont plus vieux, pour ainsi dire;

les pays qui sont dans la direction A D ont midi après lui et sont plus jeunes. Il est bien remarquable que la lumière intellectuelle semble suivre la même marche et que, par rapport à la France, nous ayons à l'est les vieux pays des Chinois, des Indous, des Turcs, et à l'ouest la jeune Amérique.

Les chemins de fer sont suffisants pour nous faire sentir l'exactitude de ce fait. Pour la régularité du service et pour éviter beaucoup d'accidents, les horloges de toutes les gares marquent l'heure de Paris, contrôlée chaque jour par le télégraphe électrique; les horloges des villes où sont situées les gares sont partout en désaccord avec celles de ces gares, excepté pour les pays qui sont sur le méridien de Paris, tels que Dunkerque, Saint-Omer, Saint-Pol, Amiens, Clermont de l'Oise, Pithiviers, Bourges, Ussel, Mauriac, Castres, Carcassonne. Les horloges des pays qui sont à l'est sont en avance sur l'heure de la gare; à Épinal, par exemple, cette avance est de 17 minutes; on a encore le temps de se rendre à la gare pour partir quand l'heure du départ a sonné à la ville. A Brest, c'est le contraire, les horloges de Brest retardent de 27 minutes sur l'heure de la gare, et plus d'une fois ce retard a fait manquer le train à quelqu'un.

Précisons davantage. Nos deux méridiens, N A S et S B N, figure 86, sont distants de 180 degrés et ont 12 heures de différence entre les midis de leurs habitants. Si nous traçons, figure 87, un méridien N C S au milieu de l'hémisphère N A S B D, à 90 degrés des deux méridiens précédents, nous aurons entre midi du méridien N A S et midi du méridien N C S, une différence moitié de celle qui existe entre midi du méridien N A S et midi du méridien S B N, c'est-à-dire que pour deux pays situés à 90 degrés de longitude l'un de l'autre, comme Paris et Mérida du Yucatan à l'ouest, ou Paris et Lassa du Thibet à l'est, il y a six heures de différence entre les horloges de deux de ces pays, différence en plus pour ceux qui sont à l'est. Ainsi, quand il est midi à Paris, midi du 24 février, il est six

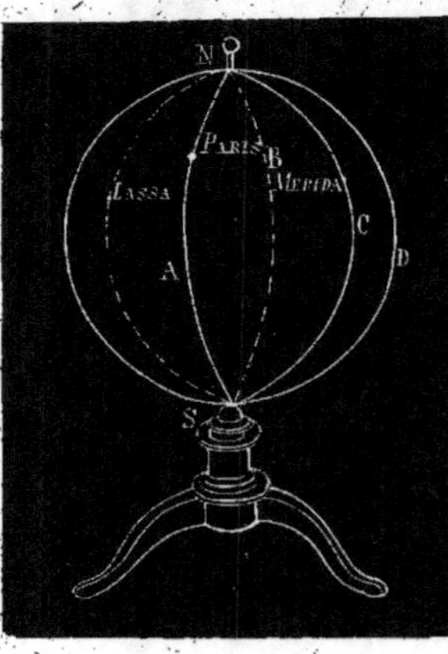

Figure 87.

heures du soir à Lassa et six heures du matin à Mérida, six heures du soir ou du matin du 24 février aussi. Quand il est dix heures du soir du 24 février à Paris, il est quatre heures du matin du 25 février à Lassa, et quatre heures après midi du 24 février à Mérida; quand il est trois heures du matin, 24 février, à Paris, il est neuf heures du matin, 24 février, à Lassa, et neuf heures du soir, 23 février, à Mérida, etc.

Ainsi, les horloges de deux pays diffèrent de six heures quand ces deux pays sont à 90 degrés l'un de l'autre; par conséquent elles différeront de une heure quand ces pays seront à six fois moins que 90 degrés ou à 15 degrés l'un de l'autre, la différence en plus marquant le pays qui est au levant par rapport à l'autre. Ainsi il suffira de savoir qu'il est une heure après midi à Presbourg quand il est midi à Paris, pour en conclure que Presbourg, par rapport à Paris, a une longitude orientale de 15 degrés.

Si une heure de différence dans les horloges donne 15 degrés de longitude, comme la minute de longitude est la soixantième partie du degré, de même que la minute de temps est la soixantième partie de l'heure, une différence de une minute entre les horloges de deux pays annoncera une distance de 15 minutes en longitude, et une différence de une seconde entre les horloges annonce une différence de longitude de 15 secondes.

Ainsi, en théorie, il suffit de savoir quelle est la différence entre les heures de deux pays pour trouver, à raison de 15 degrés de longitude pour chaque heure, 15 minutes de degré pour chaque minute de temps, 15 secondes de degré pour chaque seconde de différence de temps, la distance en longitude des deux pays.

51. — PROBLÈME INVERSE.

Il est assez naturel de demander, en raison de ce que nous venons d'expliquer, quelle est la différence d'heure pour deux pays donnés. On a, pour cela, des horloges qui ont plusieurs cadrans marquant chacun l'heure d'un pays différent; on a aussi des instruments portant sur une de leurs parties un certain nombre de pays, et sur une autre partie les vingt-quatre heures de la journée; en amenant le nom d'un pays en face d'une certaine heure, on voit les noms des autres pays correspondre aux heures que les horloges doivent marquer dans ces différents pays au même moment. Tout le monde peut construire un objet de ce genre, mais il vaut mieux recourir au calcul, et, en mettant entre les mains des enfants un atlas, leur faire trouver à eux-mêmes les différences d'heures par la méthode inverse de celle dont nous venons de parler. En divisant les degrés par 15, on a les heures de différence; s'il reste des degrés, on les convertit en minutes, qu'on ajoute avec les minutes de longitude ; on divise le résultat par 15, et on a les minutes d'heure ; s'il reste des minutes de degré, on les convertit en secondes ; on y ajoute les secondes de longitude, si on les connaît, et, en divisant le résultat par 15, on a les secondes d'heure de différence entre les horloges des deux pays. Nous allons en donner plusieurs exemples :

1° Les deux pays sont tous deux à l'est du méridien d'où partent les degrés de longitude. Soit à trouver la différence d'heures entre Dijon, qui est à 2° 41′ 55″ de longitude orientale et Pékin, situé à 114° 8′ 30″ de longitude orientale de Paris.

On retranchera 2° 41′ 55″ de 114° 8′ 30″, en observant que 114° 8′ 30″ est la même chose que 113° 67′ 90″, ce qui donnera la soustraction :

$$113° \ 67′ \ 90″$$
$$\underline{2 \ \ 41 \ \ 55}$$
$$111 \ \ 26 \ \ 35$$

On verra ainsi qu'il y a 111° 26′ 35″ de longitude entre Dijon et Pékin. En divisant alors 111° par 15, on aura 7 heures, et il restera 6° qui donnent 360′, ce qui fait en tout 386′, avec les 26′ qui se trouvent dans la différence des longitudes ; 386′ divisées par 15 donnent 25 minutes d'heure, et il reste 11′ qui deviennent 660″ et donnent, avec les 35″ de la différence de longitude, un total de 695″. Ce dernier nombre, divisé par 15, donne 46 secondes d'heures. Ainsi, comme Pékin est à l'est par rapport à Dijon, les horloges de Pékin sont en avance sur celles de Dijon de 7 heures 25 minutes 46 secondes. Par suite, quand il est, par exemple, 27 juillet, 6 heures 3 minutes 8 secondes du soir à Dijon, il est 28 juillet, 1 heure 28 minutes 54 secondes du matin à Pékin.

On voit que, dans ce cas, c'est-à-dire quand les deux longitudes sont orientales, le pays qui a la longitude la plus grande est celui dont les horloges avancent sur celles de l'autre pays.

2° Les deux pays sont tous deux à l'ouest du méridien qui sert d'origine aux degrés de longitude.

Soit à trouver la différence d'heures entre Brest, situé à 6° 49′ 50″ de longitude occidentale, et Philadelphie, à 77° 29′ 54″ de longitude occidentale de Paris.

On retranchera encore 6° 49′ 50″ de 77° 29′ 54″ qu'on écrira 76° 89′ 54″.

$$76° \ 89′ \ 54″$$
$$\underline{6 \ \ 49 \ \ 50}$$
$$70 \ \ 40 \ \ 4$$

et on aura 70° 40' 4" pour la différence en longitude entre Brest et Philadelphie : 70 degrés divisés par 15 donnent 4 heures, et il reste 10 degrés qui font 600', en tout 640', qui divisées par 15 donnent 42 minutes de temps, avec 10' de reste. Ces 10' de reste donnent 600", en tout 604", et ces 604" divisées par 15 donnent 40 secondes de temps. Il y a donc 4 heures 42 minutes 40 secondes de différence entre les horloges de Brest et celles de Philadelphie. Comme Brest est à l'est par rapport à Philadelphie, l'avance est pour Brest; et quand il est à Brest, 14 juillet, 2 heures 6 minutes 27 secondes du matin, en observant que c'est la même chose, à partir de midi du 13 juillet, que 14 heures 6 minutes 27 secondes, ou 13 heures 66 minutes 27 secondes, ou 13 heures 65 minutes 87 secondes, on fera la soustraction :

$$13 \text{ heures } 65 \text{ minutes } 87 \text{ secondes.}$$
$$\underline{4 \qquad\qquad 42 \qquad\qquad 40}$$
$$9 \qquad\qquad 23 \qquad\qquad 47$$

et on trouvera qu'il est : 13 juillet, 9 heures 23 minutes 47 secondes du soir à ce moment à Philadelphie.

On remarquera que cette fois, quand les deux longitudes sont occidentales, c'est le pays dont la longitude est la plus petite qui a ses horloges en avance sur celles de l'autre pays.

3° Les deux pays sont, l'un à l'est, lautre à l'ouest du méridien, à partir duquel on compte les longitudes.

Soit à trouver la différence d'heures entre le mât du pavillon du fort de Nouméa, Nouvelle-Calédonie, à 164° 6' 53" de longitude orientale et la tour du port de Lorient, à 5° 41' 30" de longitude occidentale.

On ajoute cette fois les deux longitudes :

$$164° \quad 6' \quad 53''$$
$$\underline{5 \quad 41 \quad 30}$$
$$169 \quad 47 \quad 83$$

et on trouve qu'il y a 169° 47' 83" ou 169° 48' 23" de longitude entre Nouméa et Lorient : 169 degrés divisés par 15 donnent 11 heures et il reste 4 degrés ou 240 minutes, ce qui fait en tout 288 minutes de degré. Divisant ces 288 minutes par 15, on trouve 19 minutes d'heure, et il reste 3 minutes donnant 180 secondes, ou en tout 203 secondes de degré. Ces 203 secondes, divisées par 15, donnent près de 14 secondes d'heure, et on a ainsi 11 heures 19 minutes 14 secondes de temps de différence entre les horloges de Lorient et de Nouméa. L'avance est naturellement pour Nouméa, qui est à l'est. Ainsi : 4 septembre, 5 heures du soir à Lorient est la même chose que : 5 septembre, 4 heures 19 minutes 14 secondes du matin à Nouméa.

Pour ce troisième cas, c'est toujours le pays dont la longitude est orientale qui a ses horloges en avance, que sa longitude soit plus grande ou plus petite que l'autre, peu importe.

Sans connaître aussi exactement les longitudes que nous venons de le faire, on peut prendre un atlas sur les cartes duquel les degrés de longitude sont marqués par des lignes allant du nord au sud, évaluer à peu près les longitudes des pays que l'on veut étudier et faire les mêmes problèmes d'une manière suffisamment exacte. Ce sera presque toujours plus juste qu'au moyen des appareils en carton que l'on fait dans ce but.

52. — MÉTHODE DU TÉLÉGRAPHE ÉLECTRIQUE.

La pratique de la détermination des longitudes est autrement difficile que la théorie, et la détermination exacte de la longitude d'un point de la terre est un résultat auquel on ne parvient pas sûrement du premier coup, à moins de précautions inouïes. S'il s'agit pourtant de points reliés entre eux par un télégraphe électrique, il n'y a plus de précautions à prendre pour ainsi dire, sinon à se procurer l'heure exacte des pays dans lesquels on opère. L'étincelle électrique parcourt en effet le fil avec la rapidité de la pensée ; un fil électrique qui ferait huit fois le tour de notre globe serait parcouru en une seconde. Il en résulte que l'on n'a pas besoin de tenir compte du temps que met un signal électrique pour aller d'un pays à l'autre. Il s'agit d'un seul signal et non pas d'une dépêche, bien entendu. Ainsi, si on attend midi à Paris pour envoyer un signal électrique à Quimper, un astronome, placé à Quimper pour le recevoir, après s'être procuré exactement l'heure de cette ville, recevra le signal à 11 heures 34 minutes 14 secondes du matin, c'est-à-dire, en apparence, 25 minutes 46 secondes avant le départ du signal. Ce fait annoncera une différence de 25 minutes 46 secondes entre les horloges des deux pays. Alors en multipliant 46 par 15, on aura 690″ ou 11′ 30″ de longitude, et en multipliant 25 par 15, on trouvera 375 ou 6° 15′, ce qui donne un total de 6° 26′ 30″ de longitude occidentale pour Quimper, puisque ses horloges retardent sur celles de Paris. La vraie longitude de Quimper est 6° 26′ 26″, c'est-à-dire qu'on a calculé même les dixièmes de seconde d'heure dont les horloges différaient.

Aussitôt donc que le télégraphe est établi pour la première fois entre deux pays, le premier usage que l'on en doit faire est de s'assurer si la distance en longitude de ces deux pays avait été bien exactement établie auparavant.

53. — ANCIENNE MÉTHODE DES SIGNAUX DE FEU.

Avant l'invention du télégraphe électrique, qui est toute récente, on employait sur la terre ferme le procédé suivant. S'agissait-il de déterminer, par exemple, la distance en longitude de Paris à Strasbourg? Deux astronomes s'établissaient, l'un à Paris, l'autre à Meaux, sur la direction de Strasbourg; et se procuraient les heures exactes de leurs stations respectives. Alors un aide se transportait à Lagny, à mi-chemin environ de Paris à Meaux et, la nuit venue, à une heure approximativement convenue, mettait le feu à un tas de poudre, ou lançait une fusée, figure 88. Les astronomes, prévenus,

Figure 88.

voyaient tous deux la fusée au même instant, d'abord parce qu'elle était partie au milieu de la distance qui les séparait, ensuite parce que la vitesse de la lumière est aussi grande que celle de l'électricité. Alors ils notaient chacun l'heure de leur station, et la différence permettait d'établir la longitude de Meaux par rapport à Paris. On recommençait le même travail entre Meaux et Épernay, puis entre Épernay et Châlons, entre Châlons et Bar-le-Duc, entre Bar-le-Duc et Nancy, entre Nancy et Strasbourg. On obtenait ainsi, en dernier résultat, le nombre de degrés de longitude qui se trouvent entre Paris et Strasbourg.

54. — MÉTHODE DES CHRONOMÈTRES.

Cette méthode est très-bonne, mais nécessite une dépense considérable; elle a été employée par les astronomes russes pour trouver la longitude de leur observatoire de Pulkowa par rapport à l'observatoire anglais de Greenwich. Un vaisseau russe est parti de Greenwich, portant un grand nombre de chronomètres marquant tous l'heure de l'observatoire anglais. Ces chronomètres sont des montres d'une grande précision, qui ne varient que de quantités très faibles pendant une longue traversée, surtout quand dans cette traversée le navire n'est pas destiné à passer dans des pays où la température soit considérablement changée. On n'a pas pu, malgré la bonne confection des chronomètres, et nous pouvons dire à la gloire de notre pays que les chronomètres français sont les plus estimés, on n'a pas pu éviter l'influence des changements de température sur ces instruments délicats en raison même de leur précision, ils retardent où ils avancent par l'effet de la chaleur ou du froid. Le vaisseau russe portait à son bord soixante-huit de ces chronomètres, représentant une valeur de 200 000 francs environ à cette époque, marchant tous d'accord au départ de Greenwich. Arrivés à Pulkowa, ils marchaient encore tous d'accord, preuve évidente qu'ils avaient conservé, sans altération, l'heure de Greenwich. Si quelques-uns s'étaient dérangés, ils n'auraient pu rester d'accord avec ceux qui n'avaient pas varié, ni d'accord entre eux; ils se seraient dérangés, les uns plus, les autres moins. Les astronomes russes avaient donc à Pulkowa l'heure exacte de Greenwich, et n'avaient plus qu'à établir d'une manière exacte, d'après le soleil, l'heure de Pulkowa, pour savoir la différence d'heure et, par suite, la distance en longitude de Pulkowa à Greenwich.

55. — MÉTHODE DU CHRONOMÈTRE EN MER.

Un capitaine de navire ne peut pas emporter avec lui un nombre pareil de chronomètres, la navigation serait trop coûteuse; il n'en a généralement qu'un, dont il use de la même manière que nous venons de le dire. Son chronomètre marque l'heure du principal observatoire de son pays; la hauteur du soleil au-dessus de l'horizon du vaisseau, c'est-à-dire du niveau de la mer, mesurée exactement avec un instrument construit à dessein, et que l'on nomme le sextant de réflexion, lui donne l'heure du point de la terre où il se trouve, et la différence de cette dernière heure avec celle que marque le chronomètre lui fait trouver sa longitude.

56. — MÉTHODE DIRECTE DES DISTANCES LUNAIRES.

On calcule d'avance et on inscrit dans des livres à quelle distance en degrés se trouvera la Lune, pour un moment donné de l'année suivante, par rapport à trois ou quatre étoiles, pour un observateur placé dans un lieu déterminé, par exemple à Paris. La Lune est assez peu éloignée de la Terre pour qu'un déplacement un peu considérable du point d'observation déplace, par un phénomène analogue à la rétrogradation des planètes, figure 80, la position apparente de la Lune sur le firmament et change ses distances en degrés aux mêmes étoiles. Un livre, nommé la *Connaissance des temps*, portant, imprimé à l'avance, ce qu'on appelle les distances lunaires, on pourra, placé sur la Terre ailleurs qu'au point pour lequel ces distances lunaires ont été calculées, établir, d'après leurs changements, à quelle distance on se trouve du point primitif; mais le mouvement propre de la Lune, assez considérable pendant un court espace de temps, ne permet pas de compter sur une grande exactitude par ce procédé, à moins qu'il ne soit répété avec précision un grand nombre de fois au même endroit.

57. — MÉTHODE DES SIGNAUX ASTRONOMIQUES.

On a dû comprendre la bonté de la méthode des signaux de feu pour la détermination des longitudes. Il se passe dans le ciel des phénomènes qui remplacent la fusée lancée à mi-chemin et permettent d'opérer de la même manière. Nous citerons en premier lieu les étoiles filantes. Une étoile filante trace, tout le monde le sait, au milieu des étoiles fixes, un sillon de feu que que l'on peut déterminer en disant de quelle étoile à quelle autre étoile s'est dirigé le météore. De plus, on peut facilement noter l'heure à laquelle il a été aperçu. Or il arrive souvent que le phénomène a lieu à une grande hauteur dans l'atmosphère, assez haut pour pouvoir être aperçu en même temps de deux lieux fort éloignés. On conçoit donc que l'on peut l'utiliser pour la mesure des longitudes toutes les fois que l'on est certain que c'est le même météore qui a été vu des deux points en question. Nous citerons ensuite les éclipses de Lune, parce qu'une éclipse de Lune commence et finit au même instant mathématique pour tous les points de la Terre qui voient l'éclipse, et la moitié de la Terre voit en même temps la même éclipse de Lune. L'inconvénient de ce moyen consiste en ce que

la Lune s'éclipse graduellement, et qu'on ne peut pas préciser
d'une manière certaine, à la seconde près, le moment du commencement et celui de la fin d'une éclipse de Lune. Enfin nous
indiquerons les éclipses des satellites de Jupiter. Jupiter est une
énorme planète, figure 89, qui, éclairée sur une de ses faces

Figure 89

par le Soleil, projette derrière elle une ombre immense. Or,
pendant que la Terre n'a qu'une Lune ou qu'un satellite, Jupi-

ter en a quatre qui viennent fréquemment se plonger, s'éclipser dans l'ombre qui est derrière lui, et que l'on peut voir, même avec des lunettes ordinaires, dès qu'elles grossissent plus de 14 ou 15 fois. Si donc on guette et que l'on saisisse, à une fraction de seconde près, l'instant de l'entrée dans l'ombre ou de la sortie de l'ombre de l'un de ces satellites, et les heures que marquent à cet instant les horloges de deux lieux différents, on se trouvera avoir les éléments du calcul de la distance en longitude entre ces deux endroits, pourvu que l'on soit certain que c'est le même satellite que l'on a suivi de part et d'autre, ce qui est facile.

58. — RÉGLER LA MARCHE DU CHRONOMÈTRE EN MER.

Mais ces éclipses des satellites de Jupiter rendent encore un bien autre service que celui de la détermination des longitudes. Nous avons dit qu'un capitaine de navire emporte avec lui un chronomètre qui, durant toute la traversée, doit lui donner l'heure du pays d'où il est parti, par exemple l'heure de Paris, et qu'on obtient en mer la longitude du vaisseau par la différence entre l'heure du vaisseau, calculée d'après la hauteur du soleil au-dessus de la mer, et l'heure du chronomètre. Or si le chronomètre se dérange, comme rien de visible immédiatement ne peut le faire voir, le navire court les plus grands dangers, parce que le capitaine se trompera sur la place qu'occupe le vaisseau sur la mer, et qu'il pourra courir sur un banc de sable ou sur des écueils en croyant les éviter. S'il emporte deux chronomètres au lieu d'un, il n'est guère plus avancé ; si l'un se dérange, rien ne lui dit lequel des deux s'est dérangé. Les éclipses des satellites de Jupiter viennent remédier à ce grave inconvénient.

En même temps qu'il emporte son chronomètre, le capitaine emporte aussi le livre qu'on appelle la *Connaissance des temps*. Ce livre porte, calculées à l'avance, les heures, minutes et secondes auxquelles on verra, de Paris, toutes les éclipses des satellites de Jupiter. Ainsi, en partant d'un port de France le 7 juin 1878, on peut emporter la connaissance des temps de 1878 et même de 1879. Cette dernière annonce qu'à Paris on verra une éclipse du troisième satellite de Jupiter commencer à 9 heures 53 minutes 49 secondes du soir du 13 août et finir à 1 heure 19 minutes 38 secondes du matin, le 14 août 1879. Ce jour-là, le capitaine de vaisseau guettera avec soin, au moyen d'une lunette, le commencement ou la fin de l'éclipse, et aussitôt qu'il aura aperçu le commencement de l'éclipse, par exemple, il regardera son chronomètre, qui doit marquer 9 heures 53 minutes 49 secondes s'il ne s'est pas dérangé. S'il constate que l'instrument s'est dérangé, et marque une autre heure que celle que nous venons de dire, il saura à combien le dérangement s'est élevé, et, sans toucher au chronomètre, il n'aura qu'à tenir compte de son avance ou de son retard pour calculer juste les jours suivants.

59. — RÉFORME À FAIRE.

Il est regrettable, selon nous, que l'on ait compté des longitudes de deux sortes, longitudes orientales et longitudes occidentales, toutes les longitudes devraient se compter vers l'est, et de 0 à 360 degrés. Nous verrons bientôt que c'est ainsi que l'on a fait dans le Ciel. Il arriverait alors que l'on compterait les longitudes en heures sur la Terre, et que l'on n'aurait plus cet inconvénient de minutes d'heure valant 15 minutes de degré. de secondes d'heure valant 15 secondes de degré. La longitude de Lassa du Thibet étant de 6 heures plus grande que celle de Paris, on saurait qu'il est 6 heures du soir à Lassa quand il est midi à Paris.

L'inconvénient qui en résulterait et qui a fait faire cette distinction en longitudes orientales et occidentales, est facile à supprimer. Il consiste en ce que Paris ayant 0 degré de longitude, Auxerre aurait 1° 14′ 10″ ou, en temps, 4m. 57s. de longitude, et Blois 358° 59′ 58″ ou, en temps, 23 heures de longitude et qu'il n'est pas commode de compter, dans le même pays, 1 degré et 359 degrés à si peu de distance. Mais qui empêche donc de porter le degré zéro des longitudes au point le plus occidental des terrains qui font partie du même pays, à la pointe la plus occidentale de l'île d'Ouessant pour la France, par exemple, où en un point de cette île choisi convenablement? Tout le pays alors aura des longitudes s'exprimant par des nombres bien voisins les uns des autres, faciles à retenir et à combiner entre eux pour avoir leurs différences.

Nous serions bien étonné si cette réforme faite dans un pays n'amenait pas les autres à s'y prendre de même, et, pour plus de simplicité, à adopter le premier méridien qui aurait été ainsi choisi.

60. — LATITUDE.

On appelle latitude d'un lieu le nombre de degrés, minutes et
secondes comptés sur le méridien ou arc de longitude de ce lieu
à partir de l'équateur jusqu'à ce lieu lui-même. Ainsi dire que
l'île de la Trinité a une latitude nord de 10 degrés, c'est dire
que sur le méridien de la Trinité, on compte 10 degrés depuis
l'équateur jusqu'à cette île, du côté du pôle nord, figure 90. On

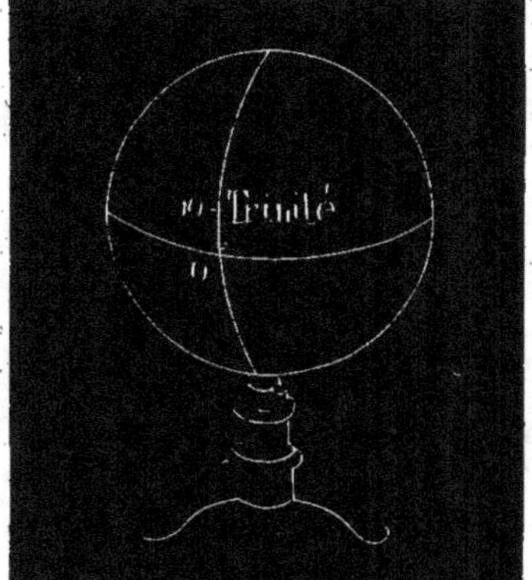

Figure 90.

compte ainsi les latitudes septentrionales du côté du pôle nord
et les latitudes méridionales du côté du pôle sud, à partir de
l'équateur.

Il est bien clair que sur la Terre, la verticale, pour un observateur, va passer dans le ciel en un point situé au-dessus de sa
tête, c'est ce point qu'on appelle le zénith de l'observateur, et si
l'observateur est sur l'équateur terrestre, son zénith sera sur
l'équateur céleste. On comprend aussi, figure 91, que le zénith
d'un observateur situé au pôle sera le pôle céleste même, c'est-
à-dire que les verticales de ces deux points, devant passer au
centre de la Terre, feront entre elles un angle droit, ou bien
un angle de 90 degrés, en sorte qu'il y a 90 degrés de latitude
nord, de l'équateur au pôle nord et 90 degrés latitude sud, de
l'équateur au pôle sud.

Les degrés de latitude se partagent chacun en 60 minutes,

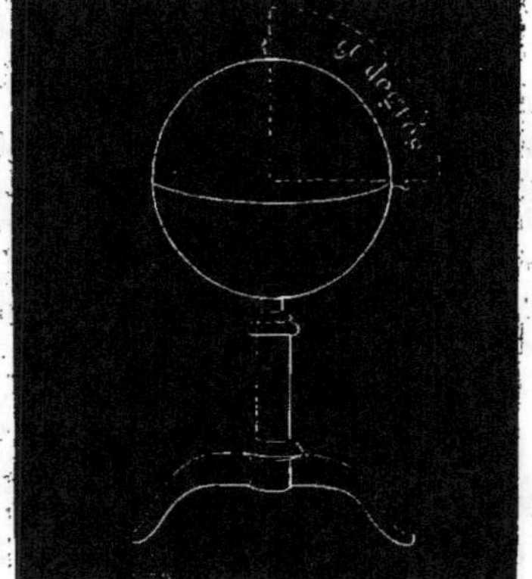

Figure 91

et chaque minute en 60 secondes.

61. — MESURE DE LA LATITUDE.

Il est convenu que lorsqu'on est au pôle de la Terre p, figure 92, on est directement sous le pôle céleste P, et que la verticale

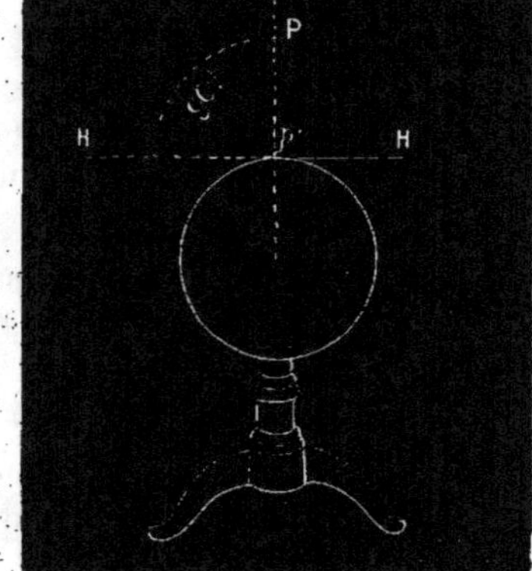

Figure 92

terrestre, prolongée, va passer par ce pôle céleste. En même temps, l'horizon HH, perpendiculaire à la verticale, fait un an-

gle de 90° avec cette verticale à l'extrémité de laquelle, est le pôle
céleste, ce qui fait dire que dans ce cas la hauteur du pôle céleste
est de 90 degrés au-dessus de l'horizon. Comme la latitude du
pôle est de 90 degrés, on voit donc que cette latitude a la même
mesure que la hauteur du pôle au-dessus de l'horizon.

Si un observateur se place à 10 degrés du pôle, figure 93,
c'est-à-dire à 80 degrés de latitude, il arrive que sa verticale V

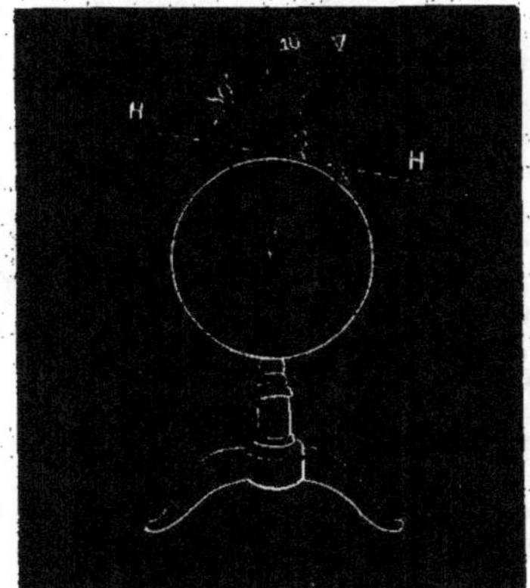

Figure 93

est inclinée de 10 degrés sur celle du pôle et que son horizon
HH s'est élevé, pour être perpendiculaire à sa verticale V, de
10 degrés sur l'horizon du pôle de la figure 92. Comme la position du pôle céleste P, à cause de son immense éloignement
n'a pas pu changer aux yeux de l'observateur, le petit déplacement de celui-ci sur la Terre, qui n'est qu'un grain de sable
comparé à cette immensité, est insignifiant, ce pôle céleste sera
de 10 degrés moins élevé sur l'horizon qu'il ne l'était précédem-
ment au pôle, et la hauteur de ce pôle au-dessus de l'horizon
sera de 80 degrés, c'est-à-dire qu'elle aura pour mesure la latitude de cet endroit.

La même explication fera voir que quelle que soit la position
d'un lieu sur la Terre, la latitude de ce point sera toujours mesurée par l'élévation du pôle céleste au-dessus de l'horizon de ce
lieu.

62. — HAUTEUR DU POLE EN UN LIEU DONNÉ.

On ne peut pas viser le pôle céleste pour dire quelle est sa

hauteur au-dessus de l'horizon, puisqu'il n'y a rien à ce pôle
pour permettre d'y braquer une lunette et qu'on sait seulement
qu'il est à une petite distance de l'étoile polaire; voir n° 45.
Mais si on établit une lunette en un lieu, qu'on la fixe exactement dans le plan du méridien de ce lieu, figure 94, et qu'on
attende que la lunette passe devant une étoile voisine du pôle,

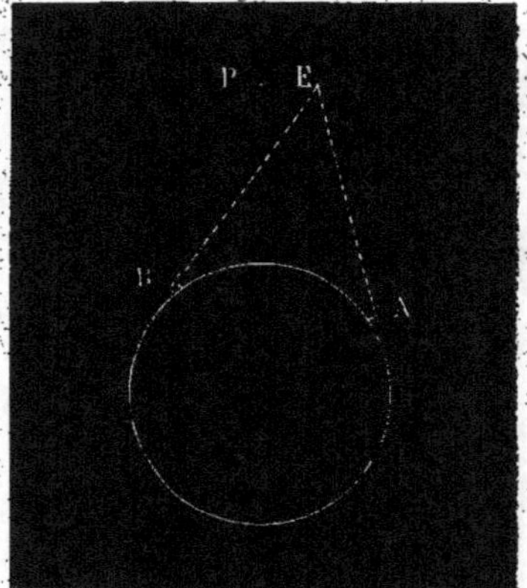

Figure 94

la mesure en question deviendra facile.

On comprend en effet que si, quand l'observateur est en A, il
visait d'abord le pôle P, puis l'étoile E, il serait obligé de relever sa lunette d'une certaine quantité. Si l'observateur attend
ensuite que le mouvement de rotation de la Terre l'ait amené
en B, dans la position opposée à A, douze heures après, pour
viser d'abord le pôle P, puis l'étoile E, il sera obligé cette fois
de baisser sa lunette et de la même quantité qu'il lui avait fallu
la relever quand il était en A, puisque la Terre n'est qu'un
grain de sable dans l'immensité.

Par conséquent, puisque c'est la même lunette qui fonctionne,
on n'a qu'à viser, avec une lunette établie dans le plan du méridien, l'étoile E une première fois, puis une seconde fois douze
heures après la première, et si l'on a conservé les indications
des deux positions de la lunette lors de ces deux visées, il n'y a
qu'à pointer la lunette au milieu de ces deux positions pour
être certain qu'elle est dirigée exactement sur le pôle céleste.

Si donc, lors de la première visée de l'étoile, il a fallut incli-
ner la lunette de 60 degrés sur l'horizon, et lors de la deuxième

visée, de 40 degrés seulement, on voit que l'étoile est forcé-
ment à 10 degrés du pôle, puisqu'il y a 20 degrés d'écart entre
les deux positions de la lunette et qu'elle s'est trouvée là première fois d'autant au-dessus du pôle qu'elle a été au-dessous
la seconde fois. On voit aussi que le pôle se trouvait de 10 degrés
plus bas que la première position de l'étoile et de 10 degrés plus
haut que la deuxième position de la même étoile, c'est-à-dire à
50 degrés de l'horizon. On en conclut que la latitude du lieu où
l'on se trouve est 50 degrés.

C'est de cette façon, et en prenant successivement beaucoup
d'étoiles, et en ne s'arrêtant que quand toutes les observations
tombaient d'accord, que l'on a fixé la latitude de l'Observatoire
de Paris à 48° 50′ 11″, et les latitudes de tous les principaux
points du globe.

63. — LUNETTE MÉRIDIENNE.

Nous devons maintenant dire comment on s'y prend pour

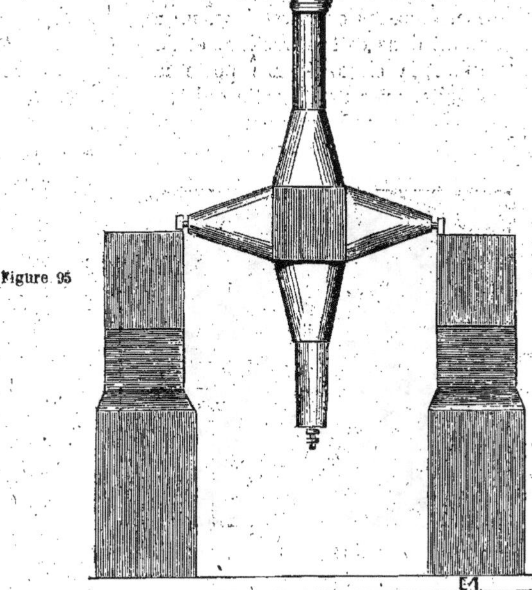

Figure 95

établir une lunette dans le plan du méridien et pour être sûr qu'elle s'y trouve exactement. On établit deux supports A et B, vis à vis l'un de l'autre, figure 95, de façon que la lunette, placée sur ces supports par un axe horizontal, soit à peu près dans la direction du méridien donnée par l'aiguille aimantée. On vise alors et l'on attend que la lunette arrive devant une étoile telle que E de l'exemple précédent. On attend ensuite environ 12 heures, et on guette le second passage de la lunette devant la même étoile. Douze heures environ après, on vient encore saisir le passage de la lunette en face de l'étoile. Pour que la lunette soit exactement sur le plan du méridien, il faut que l'intervalle entre la première et la seconde observation soit exactement le même qu'entre la seconde et la troisième. Si ces intervalles ne sont pas rigoureusement égaux, on modifie, avec des vis de rappel, la position des extrémités de l'axe autour duquel la lunette se meut sur les supports jusqu'à ce qu'on ait une égalité parfaite. Alors la lunette ainsi disposée prend le nom de lunette méridienne.

64. — CERCLE MURAL. Une fois la direction du méridien tracée, on dresse, dans les observatoires, un mur dont la surface est exactement dans cette direction, et l'on fixe, contre ce mur, un cercle dont la circonférence porte une division très minutieusement faite, avec une lunette qui tourne au centre de ce cercle en restant constamment appuyée contre lui et par conséquent toujours dans le plan du méridien, figure 96. C'est

Figure 96

cet instrument dont la lunette sert à faire l'évaluation de la hauteur du pôle dont nous avons parlé. Il se nomme cercle mural, à cause de sa position contre un mur. Depuis quelques années, on adapte, à l'un des tourillons de la lunette méridienne, un cercle divisé et alors la lunette méridienne sert en même temps de cercle mural.

65. — VRAIE FORME DE LA TERRE.

Si la Terre était parfaitement ronde, les degrés de latitude seraient naturellement tous égaux et correspondraient au même rayon de la Terre. Il n'en est pas ainsi, et un degré de méridien, mesuré à différentes latitudes n'a pas la même longueur. Cette longueur va en augmentant à mesure que l'on s'approche des pôles, de la façon suivante.

Dans le voisinage de l'Equateur, au Pérou, la longeur d'un arc de un degré du méridien a été trouvée de 110 mille 582 mètres.

En France, de 111 mille 143 mètres.

En Laponie, de 111 mille 477 mètres.

D'après ces mesures, on a été conduit à considérer la Terre comme un sphéroïde aplati aux pôles et renflé à l'équateur, figure 97.

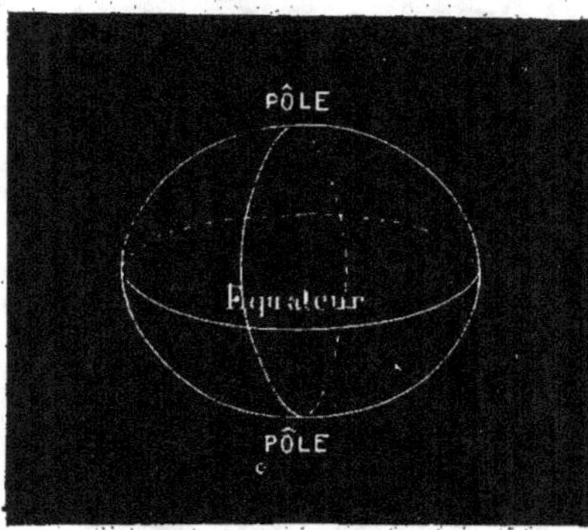

Figure 97

Tout le monde sait, en effet, que si une courbure est très prononcée, α β, c'est qu'elle appartient à une circonférence petite, dans laquelle le degré ou la 360ᵐᵉ partie de la circonférence n'a pas une grande longueur, figure 98, et qu'une cour-

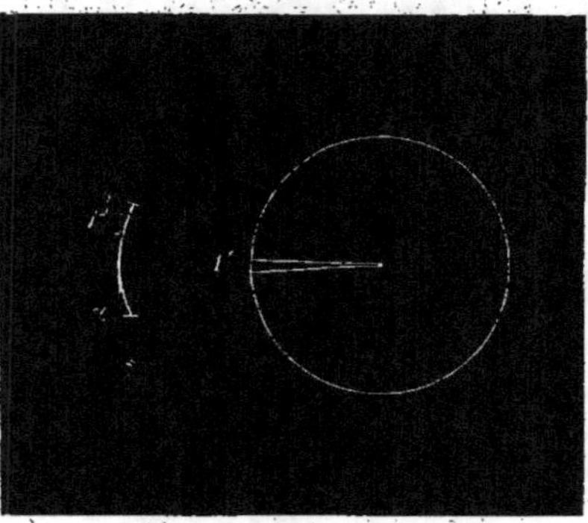

Figure 98

bure moins prononcée A B, appartient à une plus grande circonférence, dans laquelle la longueur du degré est plus considérable, figure 99. La Terre a donc bien la forme de la

Figure 99

figure 100, avec une courbure moins prononcée, c'est-à-dire
un aplatissement au pôle, d'où les verticales éloignées de un

degré vont se croiser un peu au delà du centre de la Terre, et

Figure 100.

une courbure plus accentuée, c'est-à-dire un renflement à l'équateur, d'où les verticales distantes de 1 degré n'atteignent pas tout à fait le centre.

66. — DIMENSIONS DE LA TERRE.

La mesure de différents arcs de longitude et de latitude, commencée en France par Picard vers 1650, continuée dans tous les pays du monde ensuite, et encore en cours d'exécution aujourd'hui donneront, dans quelque dix ans d'ici, des nombres plus exacts que ceux que nous allons inscrire, mais qui ne différeront pas de 500 mètres avec les plus grands que nous allons citer et proportionnellement avec les autres.

Le rayon de la Terre à l'équateur est évalué à 6 millions 378 mille 233 mètres.

Le rayon de la Terre au pôle, à 6 millions 356 mille 558 mètres.

A ce compte, ce dernier est plus petit que le précédent de 21 mille 675 mètres, ou de la 294ᵐᵉ partie de la valeur du rayon de l'équateur, c'est-à-dire que l'aplatissement a été évalué à 1/294. On sait déjà aujourd'hui que cet aplatissement est moindre et seulement de 1/299, mais il convient d'attendre pour changer à la fois tous les nombres que nous allons donner et ceux qui sont inscrits pour les longitudes au numéro 49.

A l'équateur, le rayon de la Terre, c'est-à-dire la distance d'un point de la surface au centre, est admis de 6 millions 378 mille 233 mètres, la longueur de l'arc de méridien de 1 degré de latitude, de 110 mille 578 mètres, soit, pour une minute 1843 mètres et pour une seconde, 30 mètres, 71 centimètres.

A 10 degrés de l'équateur, les mêmes quantités deviennent : 6 millions 377 mille 590 mètres, 110 mille 643 mètres, 1844 mètres, 30 mètres,73.

A 20 degrés de l'équateur, 6 millions 375 mille 760 mètres, 110 mille 708 mètres, 1845 mètres, 30 mètres,75.

A 30 degrés de l'équateur, 6 millions 372 mille 940 mètres, 110 mille 856 mètres, 1847 mètres, 30 mètres,78.

A 40 degrés de l'équateur, 6 millions 369 mille 469 mètres, 111 mille 036 mètres, 1850 mètres, 30 mètres,83.

A 50 degrés de l'équateur, 6 millions 365 mille 763 mètres, 111 mille 229 mètres, 1854 mètres, 30 mètres,9.

A 60 degrés de l'équateur, 6 millions 362 mille 181 mètres, 111 mille 411 mètres, 1857 mètres, 30 mètres,95.

A 70 degrés de l'équateur, 6 millions 359 mille 230 mètres, 111 mille 561 mètres, 1859 mètres, 30 mètres,98.

A 80 degrés de l'équateur, 6 millions 357 mille 261 mètres, 111 mille 658 mètres, 1861 mètres, 31 mètres,02.

Au pôle, 6 millions 356 mille 558 mètres, 111 mille 690 mètres, 1861 mètres,5, 31 mètres,025.

67. — RÉFORME A FAIRE.

Cette réforme consisterait à abandonner les latitudes nord et sud, et à compter, toujours en degrés, minutes et secondes, les distances au pôle nord. Ce qui nous fait penser qu'elle sera bientôt adoptée, c'est qu'elle est déjà de fait adoptée pour le ciel et qu'aujourd'hui, la grande majorité des astronomes fixent les positions des étoiles par leurs distances au pôle nord en degrés, minutes et secondes, comme nous le verrons bientôt. Pour traduire les latitudes actuelles dans ce nouveau langage, il suffit de retrancher les latitudes nord de 90° et d'ajouter 90° aux latitudes sud. Ainsi Paris, 48° 50' 11″ de latitude nord deviendrait : Paris, 41° 9' 49″ du pôle ; Rio-Janeiro, 22° 54' 15″ de latitude sud deviendrait : Rio-Janeiro, 112° 54' 15″ du pôle nord. L'avantage qu'on y trouvera sera de ne plus avoir qu'une expression à employer, et d'obtenir les différences en latitudes toujours par une soustraction, tandis qu'actuellement, pour avoir ces différences, il faut faire une soustraction quand les latitudes sont toutes deux méridionales ou toutes deux septentrionales,

et une addition quand l'un des pays est dans l'hémisphère nord
et l'autre dans l'hémisphère sud.

ASCENSIONS DROITES ET DISTANCES POLAIRES

68. — ÉQUATEUR CÉLESTE.

Nous avons dit, au numéro 47, que l'équateur céleste est une
circonférence idéale qui se trouve dans le ciel sur le prolonge-
ment de l'équateur terrestre. A l'époque où nous vivons, elle
passe au dessous de la constellation des Poissons, figure 101, à 5

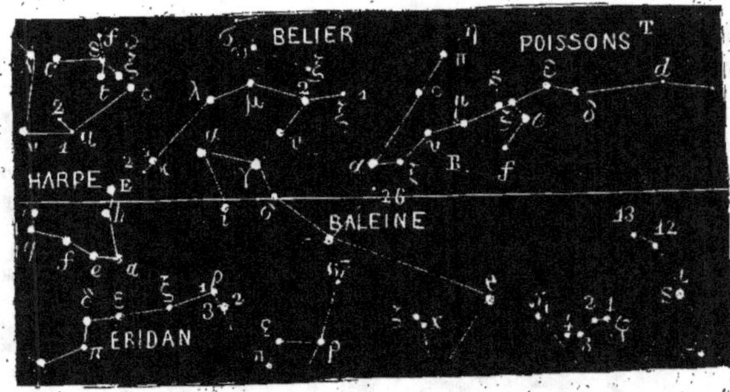

Figure 101

fois environ la largeur de la pleine Lune au sud de l'étoile α, la plus
brillante de la constellation, puis elle traverse la tête de la Ba-
leine et la partie supérieure de l'Eridan, ce qui a fait détacher
de cette constellation un groupe d'étoiles désigné sous le nom
de la Harpe de Georges, par le père Hell, au siècle dernier.

Après avoir surmonté la fin de l'Eridan, et la portion détachée de cette constellation qui porte le nom de Sceptre de Bran-
debourg, elle atteint ensuite la belle constellation d'Orion, fig. 102
où elle passe tout près au nord de la plus élevée des trois étoiles

qui forment ce qu'on appelle les trois Rois ou le baudrier d'Orion, traverse la voie lactée dans la constellation de la Licorne, puis passe à 11 fois environ la largeur de la Lune au sud de l'étoile brillante Procyon du Petit Chien.

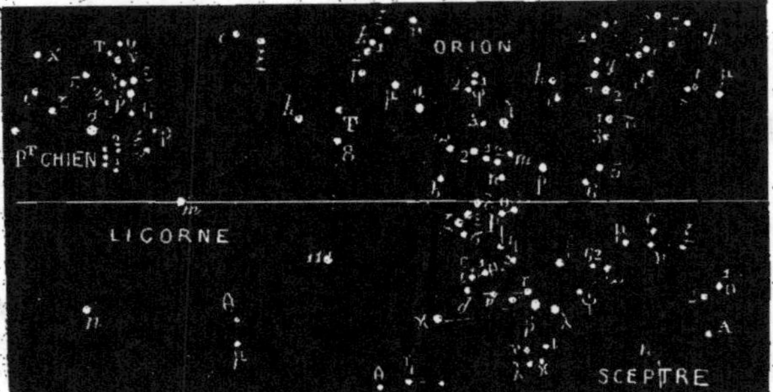

Figure 102

Traversant ensuite, figure 103, la tête de l'Hydre au-dessous de l'Écrevisse et le bas de la constellation du Lion dans une portion

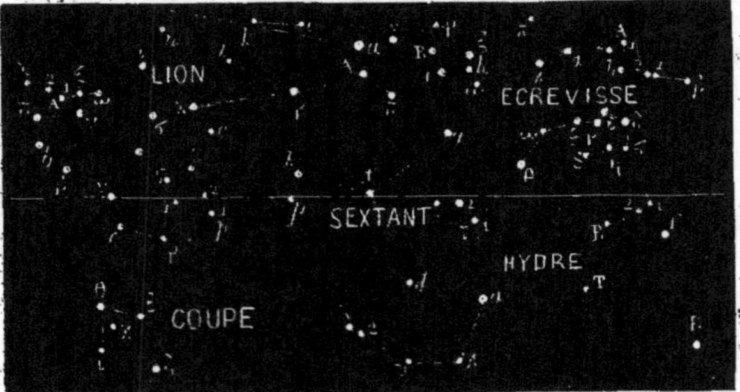

Figure 103

détachée de cette constellation par Hevélius et nommée par lui le Sextant, elle passe, à la fin du Lion au-dessus de la constellation de la Coupe, puis elle atteint la constellation de la Vierge.

Elle traverse ensuite cette constellation de la Vierge, fig. 104, passant à la fin au-dessous de quelques étoiles placées au sud du Bouvier et nommées le Mont-Ménale par Flamsteed.

LUNETTES DU JOURNAL DU CIEL

Nous avons été très heureux pour pouvoir mettre à la disposition de nos sociétaires [...] une lunette de 50 millimètres d'objectif, avec oculaire terrestre et bonnette de rechange à [...] pour regarder le soleil. Cette lunette permet d'apercevoir les satellites de Jupiter, les taches de la lune et du soleil un peu fortes. Avec un pied à coulisse, bien emballée, et remise au chemin [...] elle coûte 44 fr. 50 ; c'est cette lunette qui fait partie de notre bibliothèque roulante [...] une lunette de 45 millimètres d'objectif, avec oculaire terrestre permettant de distinguer [...] à 30 kilomètres, toujours avec une bonnette de rechange pour regarder le [...] montre parfaitement les satellites de Jupiter, distingue l'anneau de Saturne, [...] étoiles, laisse voir les détails un peu considérables des taches de la Lune [...] du soleil, les phases de Vénus, etc. Bien emballée et remise au chemin de fer [...] pied solide à six branches, avec gouttière coûte 27 francs, avec [...] francs. On a eu plus un véritable céleste qui renverse les objets, mais son [...] de lunette, et pour 15 francs, une crémaillère bien utile pour mettre la lunette [...] et peut servir à plusieurs personnes.

PLANISPHÈRE MOBILE DU JOURNAL DU CIEL

[...] du *Journal du Ciel*, donnant l'aspect du ciel de dix en dix minutes, bien emballé et remis au chemin de fer, 8 fr. ; avec le [...] les planètes mises en place pour le dimanche qui suit l'envoi, 8 fr. [...] brochure [...]

[...] envoyés franco par la poste, mais priés [...] de les mouiller et les faire [...]

OUVRAGES DE M. [...]